图1 圆茄

图2 长茄

图3 卵圆茄

图4 京茄2号

图5　茄杂2号

图6　杭茄1号

图7　龙茄1号

图8　苏崎4号

图9 安德烈

图10 安德烈

图11 塑料大棚

图12 穴盘育苗

图13 华北地区栽培的紫圆茄

图14 东北地区栽培的长茄品种

图15 长江以南地区栽培的紫长茄

图16 长三角地区以栽培紫红色、紫色条形茄子品种为主

码上学技术·蔬菜生产系列

茄 子
生产关键技术一本通

刘超杰　范双喜　主编

中国农业出版社
北　京

图书在版编目（CIP）数据

茄子生产关键技术一本通 / 刘超杰，范双喜主编
. —北京：中国农业出版社，2022.7
（码上学技术．蔬菜生产系列）
ISBN 978 - 7 - 109 - 29702 - 9

Ⅰ.①茄… Ⅱ.①刘… ②范… Ⅲ.①茄子－蔬菜园
艺 Ⅳ.①S641.1

中国版本图书馆 CIP 数据核字（2022）第 123174 号

茄子生产关键技术一本通
QIEZI SHENGCHAN GUANJIAN JISHU YIBENTONG

中国农业出版社出版
地址：北京市朝阳区麦子店街 18 号楼
邮编：100125
责任编辑：丁瑞华　王黎黎
版式设计：杜　然　责任校对：周丽芳
印刷：中农印务有限公司
版次：2022 年 7 月第 1 版
印次：2022 年 7 月北京第 1 次印刷
发行：新华书店北京发行所
开本：880mm×1230mm　1/32
印张：2.75　插页：2
字数：80 千字
定价：24.00 元

编写人员

主　　编　　刘超杰　范双喜

编写人员　（按姓氏笔画排序）

　　　　　　王　璐　刘超杰　范双喜　高坦坦

　　　　　　秦晓晓

前言
Foreword

　　茄子（*Solanum melongena* L.）为茄科茄属植物。茄子起源于亚洲东南热带地区。中国茄子栽培历史悠久，类型品种繁多。茄子的营养丰富，含有蛋白质、脂肪、碳水化合物、维生素以及钙、磷、铁等多种营养成分。目前，茄子在全世界都有分布，以亚洲栽培最多，占世界总产量 74% 左右。据统计，2019 年中国茄子栽培面积为 1 304.7 万亩，其中设施栽培面积 760 万亩。茄子产量高，市场广阔，经济效益十分显著，成为菜农致富的重要蔬菜之一。

　　本书系统地介绍了茄子的类型与优良品种、育苗关键技术、露地栽培关键技术、设施栽培关键技术、主要病虫害及防治技术。书中第一、第二部分由王璐编写，第三部分由秦晓晓编写，第四部分由范双喜、刘超杰编写，第五部分由高坦坦编写。

　　本书文字深入浅出，易懂易学，并附有大量彩图，既适合广大茄子生产者使用，又可为茄子栽培管理、植物保护等相关技术研究工作者提供参考。

　　由于编者水平有限，疏漏、错误之处在所难免，敬请广大读者批评指正。

编　者

2020 年 10 月

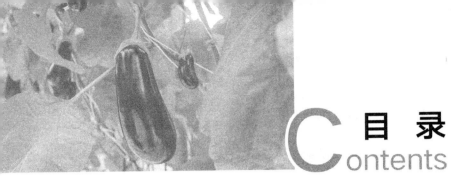

目 录
Contents

前言

视频目录

一、茄子的类型与优良品种

　　茄子在我国栽培的历史悠久，南北各地栽培极其普遍。我国的茄子种植和消费的区域性较强，品种类型相当丰富。目前，生产中常见的茄子优良品种，按果形分为圆茄（图1）、长茄（图2）和卵圆茄（图3）三大类。下面主要介绍近年来生产中主栽优良品种，包括其品种特性、栽培技术要点和适栽范围等方面。

（一）圆茄品种

　　圆茄品种植株高大，叶片宽且厚，果实一般为圆球形、扁圆球形或椭圆球形，果皮颜色为紫、红紫、黑紫或绿白色。圆茄品种中、晚熟品种较多，不耐湿热，多栽于我国北方。主要栽培品种有京茄2号、京茄3号、圆杂13、蒙茄3号、丰研2号、并杂圆茄1号、快圆、大苠、二苠、茄杂2号、济杂1号、济农2000、济丰4号、安阳大红茄、洛阳青茄等。

　　1. **大苠**　天津地方品种。

　　品种特性：株高、开展度均在90厘米以上，门茄一般着生于第9节。果实圆球形，果皮紫红色有光泽，果肉洁白细嫩、品质好。果径20厘米左右，单果重一般为1千克，大果可达2千克。晚熟品种，定植至始收期需50天以上，亩*产可达7 000千克左右。

　　栽培要点：适于春季露地栽培，也可以作恋秋栽培。天津1月底可设施育苗，5月上旬定植，春季恋秋栽培，每亩栽1 000株左右，不做恋秋栽培时，应适当加大种植密度。结果期应给足肥水，注意排

　　＊　亩为非法定计量单位，1亩≈667米²。——编者注

涝以防烂果，适时整枝打叶。

适栽范围：适于河北、内蒙古、天津等地栽培。

2. 京茄 2 号 北京市农林科学院蔬菜研究所育成的具有丰产、抗黄萎病等优良性状的中早熟圆茄一代杂交种（图 4）。

品种特性：植株生长势强，特别是结果后期植株也能保持较强的生长势，连续结果能力强，为高产品种。叶色浓绿，叶片大，茎粗壮；花器官较大，果实发育速度快，平均单株结果数 10 个以上，单果重 500～750 克，亩产 5 000 千克以上。果实为圆球形，果皮紫黑发亮，果肉浅绿白色，肉质致密细嫩、品质佳。该品种抗黄萎病，后期植株不易衰老，再生能力强。

栽培要点：适于大棚、露地小拱棚覆盖早熟栽培和夏秋栽培。北京地区利用该品种做大棚西瓜的下茬栽培效果也很好。春大棚栽培北京地区 12 月底至翌年 1 月初播种，3 月中下旬定植。行株距 60 厘米×45 厘米，亩栽 2 500 株左右。小拱棚覆盖露地早熟栽培 1 月上旬播种，4 月中旬定植于小拱棚内，5 月上中旬撤除小拱棚，露地生长。春露地栽培，1 月下旬播种，4 月底定植。

适栽范围：适于北方地区大棚，露地小拱棚早熟栽培和夏秋栽培。北京地区即可利用该品种做大棚西瓜的下茬栽培。

3. 京茄 3 号 北京市农林科学院蔬菜研究所育成的中早熟、丰产、抗病圆茄一代杂种。

品种特性：始花节位 7～8 片叶，较耐低温弱光。植株生长势较强，连续结果性好，平均单株结果数 8～10 个，单果重 500～700 克。果实为扁圆形，果皮紫黑发亮，果肉浅绿白色，肉质致密细嫩，商品性状极佳。该品种易坐果，果实发育速度较快，畸形果少。

栽培要点：适合春、秋大棚和露地早熟栽培。北京地区春大棚栽培 12 月底至翌年 1 月初播种，3 月中下旬定植。定植密度：行株距 70 厘米×40 厘米，亩栽 2 500 株左右。花期激素蘸花。植株采取双干整枝法，这样可养分集中供应果实，使果实充分长大。

适栽范围：适于华北、西北、东北地区温室和大中棚栽培，同时也适宜早春露地小拱棚覆盖栽培。

4. 海花茄 1 号 北京市海淀区植物组织培养技术实验室育成。

品种特性：早熟品种，丰产，抗病，耐旱。生长势中等，株高90厘米，植株开展度80厘米。茎叶均为紫色。果实近圆形，黑紫色，有光泽，肉质细腻，微甜，风味佳。平均单果重350克。连续坐果能力强。亩产4 000千克以上。

栽培要点：可作早春保护地及露地栽培。

适栽范围：适合北京等地种植。

5. 茄杂1号　河北省农林科学院蔬菜花卉研究所育成的圆茄杂交种。

品种特性：茄杂1号为中早熟品种，丰产性好。植株生长势好，叶片较大。第8~9节着生第1花，果实高圆形，紫黑油亮，果肉为浅绿白色，籽少，单果重600~800克，最大单果重1 500克。果实膨大速度快，从开花到采收16天，亩产5 000~7 000千克。适合春拱棚及露地栽培，一般亩栽1 800株。

栽培要点：河北中南部可地膜覆盖栽培，1月育苗，4月中下旬定植，6月上中旬采收。

适栽范围：华北、西北地区均可种植。

6. 茄杂2号　河北省农林科学院蔬菜花卉研究所育成的圆茄杂交种（图5）。

品种特性：该品种株高80~90厘米，生长势强，叶大、色绿，花较大，淡紫色。第8~9节着生第1花，单果重800~1 000克，最大单果重2 000克，果实圆形，紫红色，果面光滑发亮，果肉浅绿白色，种子少，味甜，品质优。果实膨大速度快，从开花到采收15~16天，连续坐果能力强。抗逆性较强，较抗黄萎病、绵疫病，适应性广。亩产7 000~10 000千克。

栽培要点：适于春季保护地、露地栽培。茄杂2号株型大，生长势强，前期需要适当蹲苗，防止徒长。

适栽范围：适于华北、西北、华东部分地区种植。

7. 七叶茄　品种特性：植株生长势强，株高80~90厘米，开展度100~120厘米。叶绿色。门茄在第7~8片叶处着生。果实扁圆形，单果重600~800克。皮紫色，有光泽，萼片及果柄深紫色，果肉浅绿白色，肉质细嫩，品质好。中早熟，耐热性较强，抗绵疫病

3

差。亩产 3 000～5 000 千克。

栽培要点：要适时采收，若采收过晚，种子发育变硬，品质降低。耐短期贮运。在天津市 1 月上、中旬阳畦育苗，4 月中、下旬定植于露地，株行距 50 厘米×50 厘米。6 月上旬开始采收。门茄露出萼片，开始膨大后，结束蹲苗，追肥，浇水，门茄收获后进行培土，以防倒伏。注意排涝，门茄以下侧枝叶片摘除，以利通风。地膜覆盖可提早 7～10 天上市。

适栽范围：适于北京、天津市春、夏季露地栽培。

8. 丰研 2 号　由北京市丰台区农业技术推广中心选育的茄子品种，808-3-1-6 和 811-9-1-6 两个自交系杂交育成。

品种特性：为早熟种。株高 75 厘米左右，开展度 65 厘米左右，植株直立，叶稀，适宜密植。主茎 6 叶开花结果，门茄比北京六叶茄早熟 7 天左右。果形扁圆，果皮黑紫有光泽，品质好，海绵组织密实。单果重 500 克左右。坐果率高。适合早春保护地栽培。一般亩产 4 000 千克。

栽培要点：大棚种植于 12 月中、下旬播种，苗龄 90 天，定植期在第二年 3 月中、下旬。定植前一周进行幼苗锻炼，定植地块每亩施农家肥 5 000～7 500 千克，以及磷、钾肥各 15 千克。每亩 2 900～3 400 株。定植缓苗后各浇一水，然后中耕。门茄长到 2～3 厘米时浇水，以利果实的膨大，门茄、对茄收获前各追一次肥，每亩施 15 千克复合肥或 25 千克碳酸氢铵。开花时用生长素蘸花，以促果实膨大。

适栽范围：适于华北、东北、华东等地区种植。

9. 茄杂 8 号　河北省农林科学院经济作物研究所育成的温室专用杂交种。

品种特性：早熟，耐低温、弱光能力强。植株紧凑，第 7 节左右开始，着生第一朵花。果实扁圆形，紫红色。低温弱光下着色好，果肉白色，肉质致密细腻。单果重 500～700 克，连续坐果能力强，一般亩产 4 500～5 500 千克。

栽培要点：适于温室栽培。根据华北地区温室的不同插口，7—10 月育苗。9—12 月均可定植。采收期为 11 月至翌年 7 月。冬季注意保暖，最低温度不能长期低于 12℃。

适栽范围：适于华北、华东、西北部分地区种植。

10. **快圆茄** 天津市地方品种。

品种特性：早熟，定植至始收约 45 天。株高 60～70 厘米，开展度 70 厘米。茎紫色，叶长卵形、绿色，叶缘波状，叶柄及叶脉浅蓝色。始花着生于主茎 6 叶节上方。果实扁圆形。外皮紫红色，有光泽。肉质紧实，单果重 500 克左右。耐寒性强，抗病虫能力较强。亩产 4 000～5 000 千克。

栽培要点：可作保护地及露地栽培。

适栽范围：适于西北、华北等地种植。

11. **二苠** 天津市地方品种。

品种特性：中熟品种，定植至始收 50 天左右。株高约 75 厘米。开展度 75 厘米。茎紫色，叶长卵圆形。绿色，叶柄及叶脉紫色。第一朵花着生于主茎 7～8 叶节上方。果实扁圆形，紫红色，有光泽。果肉白色，致密，细嫩，籽少，不易老，品质好。单果重 750 克，最大果重 1 500 克以上。亩产 5 000 千克左右。抗病，耐热，喜肥水，较耐贮运，较耐盐碱。

栽培要点：可做春季露地或恋秋栽培。

适栽范围：适于西北、华北等地种植。

12. **黑贝** 河北农业大学园艺学院育成的杂交种。

品种特性：中晚熟。第一朵花着生于主茎 9 叶节上方。果实圆形，有光泽，紫黑色。果肉白色或浅绿色，肉质细密。单果重 800 克。丰产性好，喜肥水，亩产 7 000 千克左右。

栽培要点：适宜春季露地栽培，也可做秋延后栽培。

适栽范围：河北各地。

13. **紫光大圆茄** 河北工程大学育成。

品种特性：中晚熟，生长势强，植株紧凑，第一节花位于 9～10 节。果实圆形，紫黑油亮，果肉浅绿色，肉质细腻，商品性好。单果重 600～700 克，亩产 5 000 千克以上。

栽培要点：可作露地、恋秋栽培。

适栽范围：适于山西、河北等地种植。

14. 包头海紫茄 内蒙古自治区包头市农牧业科学研究院培育的杂交种。

品种特性：株高 70～80 厘米，株幅 74 厘米。第一朵花着生于 7～8 节上方，果实圆形，单果重 330 克。果皮深紫色，有光泽，果肉黄绿色，肉质较紧，品质中等。中早熟，前期产量高，抗病性强。

适栽范围：适合内蒙古各地种植。

15. 超九叶圆茄

品种特性：中晚熟。果实圆形稍扁，果皮深黑紫色。耐贮运，有光泽。果肉较致密，细嫩，浅绿或白色，稍有甜味，品质好。单果重 1 000～1 500 克。亩产 4 000～5 000 千克。

栽培要点：河北春季栽培，1 月育苗，晚霜后定植。保护地栽培可提前播种。夏季露地栽培，4 月上旬至 6 月上旬育苗，5 月下旬至 7 月定植。生长期间，应及时除去门茄以下侧枝和对茄以上侧枝，注意及时排涝。

16. 并杂圆茄 1 号 太原市农业科学研究院育成。

品种特性：中早熟杂交一代品种，生长势极强，株高 80～106 厘米，株展 90～102 厘米，叶色深绿叶片有红晕。第一雌花节位 8～9 节。果实膨大速度快，从开花到收获需 15～17 天，果实近圆形，果皮紫黑色，果面光亮，果实纵径 12.7 厘米，横径 14.3 厘米，果肉黄绿色，肉质细腻，味甜，平均单果重 646 克，品质硬度适中。品质及商品性均好。

栽培要点：合理密植，并杂圆茄 1 号生长势强，植株开展，一般每亩栽 1 700～2 000 株为宜，行距 70 厘米，株距 50～60 厘米，不可过密，否则四门茄以上果实着色差。

适栽范围：适合山西省各地栽培。

（二） 长茄品种

长茄品种大多属于早熟或中熟品种，植株长势中等，果实呈细长棒状，长达 30 厘米以上，果皮紫、绿或淡绿色，耐湿热，中国南方普遍栽种。长茄皮薄肉嫩，单株结果多。目前较常见的优良品种有成都墨茄、长茄 1 号、长虹 2 号、辽茄 7 号、引茄 1 号、沈茄 1 号、辽茄 4 号等。

1. **长杂 8 号** 中国农业科学院蔬菜花卉研究所育成的杂交种。

品种特性：株型直立，生长势强，单株结果数多。果实长棒形，果长 26～35 厘米，横径 4～5 厘米，单果重 200～300 克。果色黑亮，肉质细嫩，籽少。果实耐老，耐贮运。

栽培要点：适于春露地和保护地栽培。北京地区春露地栽培苗龄 70～80 天，保护地栽培 90～100 天，株行距（40～50）厘米×66 厘米。亩栽苗 2 000～2 500 株，亩用种量 25 克。

适栽范围：适宜东北、华北、西北地区种植。

2. **翡翠绿 2 号** 广州市农业科学研究院、广州乾农农业科技发展有限公司育成的杂交种。

品种特性：植株生长势强，第一坐果节位 9～10 节，坐果能力强。果实长棒形，果形直，大小匀称。果面平滑，光泽度好，果皮绿色，果肉淡绿白色，肉质紧密。果长 29.5～30.3 厘米，横径 3.98～4.15 厘米。单果重 194.7～217.1 克，每亩产量 2 500 千克左右，商品率高。

栽培要点：在广东地区春秋季种植，每亩用种量 15 克，行株距为 55 厘米×80 厘米，亩植 1 000 株左右；注意防治青枯病等。

适栽范围：适宜在华南地区露地栽培。

3. **成都墨茄** 四川省成都市地方品种。

品种特性：高 1～1.1 米，开展度 60～65 厘米，茎黑紫色，叶卵圆形，绿色。第一果着生在主茎 10～13 叶节上方。果实长圆柱形，长约 40 厘米，粗 5 厘米，外皮黑紫色，果脐小。果肉疏松细嫩，含水分多，皮薄籽少，品质好。单果重约 360 克。中晚熟品种，定植至始收约 80 天。抗病性、抗逆性均强，适宜春季露地栽培。亩产 2 000～2 500 千克。

栽培要点：成都地区 1 月上旬温床育苗，4 月上旬定植，行距 66 厘米，株距 50 厘米。生长期追肥 5～6 次，培土 1～2 次，须立支柱防倒伏。

适栽范围：适于四川省各地种植。

4. 辽茄 4 号 辽宁省农业科学院园艺研究所育成杂交种。

品种特性：株高 52.2 厘米，开展度 66 厘米，门茄着生在 6～7 节上方。果实棒槌形，长约 18 厘米，直径约 6 厘米米，果皮紫黑色，有光泽。果皮薄，果肉松软，平均单果重 160 克。早熟，抗黄萎病与绵疫病，亩产 3 000～4 000 千克。

栽培要点：适宜冬春保护地、春露地栽培。

适栽范围：适于辽宁等地栽培。

5. 沈茄 3 号 沈阳市农业科学院蔬菜研究所育成的杂交种。

品种特性：长势强，株高 74 厘米，开展度 53 厘米，茎秆粗壮。果皮紫黑色，有光泽，果实长果型，果实长 27 厘米，直径 5 厘米。果肉白色，口感好。属于中早熟品种，平均单果重 180 克，亩产 3 000 千克左右。适于保护地栽培，再生栽培效果好。

栽培要点：适宜春保护地、露地等栽培。

适栽范围：适宜辽宁等紫长茄产区栽培。

6. 长茄 1 号 吉林省长春市蔬菜研究所育成推广。

品种特性：株高 90～100 厘米，开展度 60 厘米左右。主茎第 8～9 节着生第一朵花。果实细长有鹰嘴，果长 20～24 厘米，横径 5～6 厘米，单果重 150～250 克。果实黑紫色，有光泽，肉质嫩，耐贮藏。在内蒙古自治区属中晚熟品种。耐热，耐低温，抗茄子黄萎病性强，但后期易得绵疫病。

栽培要点：适宜保护地、露地栽培。

适栽范围：适于内蒙古自治区通辽市、黑龙江省佳木斯等地种植。

7. 新济杂长茄九号 山东省济南市茄果良种研究中心育成的杂交种。

品种特性：中早熟，耐低温弱光，生长势强，8～9 片真叶现蕾，每隔 1～2 叶 1 花序，果实长棒状，萼片紫色，果长 28 厘米左右，横茎 7～8 厘米，平均单果重 400 克，果实紫黑油亮，无青头顶，耐贮运，品质好。

栽培要点：适宜冬暖棚、拱圆棚及秋延迟栽培，亩栽 2 000～2 200 株，亩施有机底肥 7～8 米^3。

适栽范围：适于山东等地种植。

8. **杭茄 1 号**　浙江杭州市蔬菜科学研究所育成推广的杂种一代新品种（图 6）。

品种特性：株高 59 厘米，株幅 87 厘米。早中熟，第 10～11 节着生第一朵花，果长 33 厘米，横径 2.1 厘米，果皮紫红、光亮，果肉白色、柔嫩，品质和商品性好。早期耐寒，生长势强。

适栽范围：适宜长江流域各省栽培。

9. **福龙长茄**　山东省济南市茄果研究中心育成的杂交种。

品种特性：中晚熟，抗病、耐热。生长势极强，茎及叶脉紫色。10～11 片真叶现蕾，每隔 2～3 片叶 1 个花序，果实上下一般粗，直长棒状，果长 30 厘米左右，横径 8 厘米，平均单果重 800 克，果实紫黑油亮，无青头，着色均匀，不褪色，品质好，果实硬，耐贮运。

栽培要点：春提早、露地、秋延迟栽培均可。亩栽 1 500～2 000 株，重施底肥。

适栽范围：适宜山东等地种植。

10. **韩国黑龙长茄**　韩国首尔培育的杂交一代品种。

品种特性：长势旺盛，果实呈长条形，坐果力强，在弱光条件下着色良好，适合大棚，露地早熟栽培。果长 25～30 厘米。保护地栽培时应人工授粉或采用 2，4-D 蘸花。

栽培要点：苗龄 55～60 天，真叶 7～8 叶时定植，株行距 30 厘米×50 厘米。本品种前期及后期产量都很高，采收的同时应分批进行追肥。本品种为高秧长茄类型，密植会减产。

适栽范围：适于东北等地种植。

11. **郭庄长茄**　山东省淄博蔬菜良种繁育中心从当地栽培的地方品种中经多年选育、提纯并稳定后推广的优良品种。

品种特性：株高 150 厘米左右，开展度 50 厘米，果实筒状，果长 30～40 厘米，直径 5～8 厘米，果皮紫黑色，油光发亮，种籽少，果肉淡绿色，略甜，口感好。抗病性强，产量高，高产者每亩可达 5 500 千克。该品种适应性广，既可早春保护地栽培，又可进行越夏秋延后栽培。

栽培要点：适宜保护地、露地及秋延后栽培，栽培密度每亩

1 800~2 000 株，要求肥水充足，露地栽培 3~4 干整枝，保护地栽培双干整枝，并设支架。

适栽范围：适于山东等地种植。

12.8819　湖北省武汉市农业科学院育成的杂种一代茄子品种。

品种特性：早熟，株高 7 厘米，开展度 60 厘米，6~7 节着生第一朵花，果实长条形，长 25~30 厘米，横径 3.5 厘米左右，单果重 110~130 克，果面紫黑色，有光泽，果肉浅绿白色，商品性好。

适栽范围：适宜江西各地栽培。

13. **中日紫茄**　广东省农业科学院蔬菜研究所育成推广的杂交一代茄子新品种。

品种特性：株高 90~100 厘米，株幅 80 厘米，株型直立，分枝力强。早熟，定植后 45 天开始采收。果长 24~26 厘米，横径 4.5~5.0 厘米，单果重约 200 克，果面深紫红色，果肉白色，肉质细嫩，耐老。

适栽范围：适宜华南地区种植。

14. **玫茄 1 号**　福建省农业科学院良种公司育成推广的茄子新品种。

品种特性：株高 64 厘米，株幅 81 厘米，分枝性强。早熟。果长 30~38 厘米，横径 4 厘米左右，尾部稍弯，单果重 170 克。果面鲜紫红，有光泽，果肉乳白色，松软细嫩，味稍甜，较耐老。

适栽范围：适宜华南地区栽培。

15. **引茄 1 号**　浙江省农业科学院选育的优质高产新品种。

品种特性：该品种株型较直立紧凑，开展度 40 厘米×45 厘米，结果层密，坐果率高，果长 30~38 厘米，果粗 2.4~2.6 厘米，持续采收期长，生长势旺，抗病性强，根系发达，耐涝性强。商品性好。果形长直，不易打弯，果皮紫红色，光泽好，外观光滑漂亮，皮薄，肉质洁白细嫩，口感好，品质佳，一般亩产 3 500~3 800 千克。

栽培要点：适宜冬春保护地、春季露地等模式栽培。

适栽范围：浙江等地。

16. **长虹早茄**　该品种由浙江省农业科学院园艺研究所于 1991 年育成。

品种特性：株高 60 厘米，株幅 50～60 厘米，生长势强，分枝多，节间短，结果多。第 8～9 节着生第一朵花，果实长条形，较直，粗细均匀，长 30～40 厘米，横径 2.5～2.9 厘米，单果重 150～160克。果皮紫红色，表面光滑、鲜艳，果肉白色，肉细嫩，耐老。抗病性强。

适栽范围：适宜长江流域栽培。

17. 龙茄 1 号　黑龙江省农业科学院园艺研究所从紫线茄中选育的常规品种（图 7）。

品种特性：株高 60～70 厘米，开展度 70 厘米左右，开展度中等。第 7～8 片真叶出现第一朵花。果实长棒形，黑紫花，有光泽，标准果长 25～30 厘米，平均单果重 150 克。果肉白色带微绿，细嫩较密，果实籽少、质佳。种子圆形，扁平，新鲜的种产黄色，有光泽。

栽培要点：在哈尔滨为早熟品种，从播种到收获 95～110 天，一般每亩产 2 500 千克。喜肥水，抗逆性强。适于黑龙江省各地早熟栽培或大中棚保护地种植。哈尔滨地区 3 月上、中旬育苗，5 月下旬定植，苗龄 70 天，每亩用种量 40～50 克。行株距 70 厘米×25 厘米。二杈式整枝，及时摘去门茄以下叶子和腋芽。

适栽范围：适宜黑龙江各地栽培。

18. 鲁茄 1 号

品种特性：早熟品种，成株高 70～80 厘米，叶片小而窄。门茄着生于 6～7 节。果实长卵形，皮黑紫色，肉质柔嫩，种子少，品质优良。坐果率高且集中，前期产量高。

栽培要点：适于春季早熟栽培。每亩栽植 3 000～3 500 株，每亩产 3 000～3 500 千克。

适栽范围：适宜山东各地栽培。

19. 棒绿茄　辽宁省农业科学院园艺研究所育成的高产、优质、抗病长绿茄子新品种。

品种特性：株高 75 厘米，开展度 76 厘米，直立型。茎秆和叶脉均为绿色，叶片肥大，叶缘波状，花紫色，果实长棒形，纵径 20 厘米，横径 5.5 厘米。果皮油绿色，富有光泽，果顶略尖。果肉白色，松软细嫩，味甜质优。单果重 250 克，抗黄萎病和绵疫病，商品性状好。

栽培要点：选择保水保肥、土质肥沃，地势平坦和排灌方便的壤土或沙质壤土地块种植。

适栽范围：在东北、华北、西北和西南等地区均可用于露地栽培或保护地栽培。

20. **徐州长茄**　徐州地区优良栽培品种。

品种特性：植株高大、茎秆粗壮，株高 120 厘米左右，开展度约 80 厘米，茎秆、叶柄、叶脉为暗紫色，叶片深绿色，始花节位约为 12 节，果长 21～30 厘米，果径 8～10 厘米，平均单果重 400 克，果皮黑紫色、有光泽，果肉松软，富有弹性，不易老化，品质极佳。

栽培要点：在淮北地区 10 月下旬温室育苗，精细整地，施足基肥，当棚内 10 厘米地温稳定在 10～12℃时，约在 2 月下旬时定植，每亩约 3 000 株。保护地栽培要及时摘除门茄下的腋芽和衰老叶片。结果中后期要把下部老叶、黄叶、病叶全都打掉，现蕾后应在花蕾上部留 1～2 叶摘心。早春多低温寡照，极易引起长茄落花落果，应用防落素蘸花，可以有效地预防长茄落花，促进果实膨大，从开花到果实商品性成熟 20～25 天，特别是门茄应适当提早采收。

适栽范围：淮北地区早春菜主要外销品种之一。

21. **苏崎 4 号**　江苏省农业科学院蔬菜研究所培育的早熟紫长茄杂交品种（图 8）。

品种特性：早中熟，始花节位 8～9 节。生长势较强，株型较直立，株高 100 厘米，开展度 90 厘米。叶片长卵形，绿色带紫晕。果实长棒形，果顶部较圆，果实顺直，平均纵径 33 厘米，横径 4.3 厘米，单果重 217 克。商品果皮色黑紫色，着色均匀，光泽度好。果肉紧实，耐储运，食用品质佳。耐低温、弱光能力强，抗绵疫病、褐纹病、白粉病。

栽培要点：适于保护地栽培和露地栽培。

适栽范围：适宜江苏各地栽培。

22. **哈茄 V8**　哈尔滨市农业科学院培育的早熟茄子杂交品种。

品种特性：植株长势强，株高约 68 厘米，开展度 55 厘米，株型紧凑抗倒伏，适宜密植。茎紫色，果实长棒形，纵径 28 厘米，横径 4.6 厘米，外皮紫黑有光泽。果肉绿白色，籽少。生育期 90～100 天，单果重 160～180 克，每亩产量 5 000 千克左右，中抗黄萎病。

适栽范围：适合在黑龙江省露地种植。

（三） 卵圆茄品种

1. 黑冠早茄　湖南省蔬菜研究所培育。

品种特性：早熟、粗棒形、耐贮运、黑亮茄子新组合。植株生长势强。果实长卵圆形，黑又亮，单果重约 200 克。早熟，耐寒性强。抗茄子青枯病和黄萎病能力强。果肉较紧实，耐贮运。品质好，产量高。

栽培要点：可作露地、小拱棚或大棚早熟栽培，长江流域适宜播种期为 10 月下旬至翌年 2 月上旬，1～2 片真叶时分苗 1 次。参考株距 50 厘米，行距 50 厘米。

适栽范围：适合湖南各地栽种。

2. 西安绿茄　陕西省西安市地方品种。陕西省华县辛辣蔬菜研究所培育。

品种特性：植株生长势较强，门茄生于 7～8 节上方。果实卵圆形，果皮油绿色，光泽好，保护地内栽培着色好。果皮较厚，果肉白色，较紧密，耐运输。单果重 300～500 克。中早熟。抗病性一般，较耐低温。

适栽范围：适于西北、东北等地保护地栽培。

3. 油瓶茄子　河北省张家口市的地方品种。河北省张家口市蔬菜研究所培育。

品种特性：株高 1 米左右，侧枝稍开展。第一果着生于主茎 7～8 节上方。果实瓶形，长 20～25 厘米，最大横径 8～10 厘米，外皮薄、紫色发亮，果脐小微突，果柄较长。果肉白绿色，质地细柔，平均单果重 400 克左右，中熟，开花后 23～25 天收获。抗病性、耐寒性均较强，一般亩产量 3 500～4 000 千克，高产可达 5 000 千克。

适栽范围：适于河北、内蒙古、辽宁等地种植。

4. 济丰 3 号 该品种由济南种子公司育成推广的杂种一代茄子品种。

品种特性：中晚熟。植株生长势强，株高 1.4～1.6 米，株幅 1.2 米左右。第 9～10 节开始现蕾，果实长卵圆形，长 20～25 厘米，横径 10～12 厘米。果皮紫黑油亮，单果重 750～1 000 克。果肉致密、微甜，品质佳，商品性好，耐贮运。亩产 6 000 千克以上。耐热、耐涝、抗病、适应性强。

栽培要点：可作露地、秋延后栽培。亩栽 1 000 株。

适栽范围：适宜在黄河流域栽培。

5. 94-1 早长茄 山东省济南市农业研究所育成。

品种特性：株高 70 厘米左右，开展度 80 厘米左右，始花着生在第 6～7 节上方。果实长椭圆形，果皮紫黑色，有光泽。果肉细密，种籽少，品质较好。早熟，耐低温，较耐弱光，单果重 300 克。

栽培要点：可作春季保护地栽培。

适栽范围：适于山东等地栽培。

6. 糙青茄 河南省新乡市地方品种。

品种特性：生长势强，植株高大。始花着生在 7～9 节上方。果实卵圆形，长 18～20 厘米，直径 12 厘米左右。果皮绿色，果肉浅绿色，致密。有甜味，品质好。单果重 350 克左右，亩产 4 000～5 000 千克。

栽培要点：可作露地栽培。

适栽范围：适于河南等地栽培。

7. 茄杂 5 号 河北省农林科学院经济作物研究所育成的绿茄杂交种。

品种特性：生长势强，结果集中，前期产量高。始花着生在 7～8 节上方。果实卵圆形，果皮绿色，果肉浅绿色，致密。有甜味，品质好。单果重 500～700 克，亩产 5 000～6 000 千克。

栽培要点：可作早春保护地及露地栽培。亩栽 1 500～2 000 株。

适栽范围：适于河北、河南等地栽培。

8. 辽茄 5 号 辽宁省农业科学院园艺研究所育成。

品种特性：为中早熟品种，从播种到始收 110 天左右。植株长势强，株高 70 厘米，株幅 60 厘米。叶片、叶柄及叶脉均为绿色，两性花，第一花着生于 7～8 节，花冠浅紫色，通常五裂。果实长椭圆形，纵径 18 厘米，横径 6.5 厘米，平均单果重 300 克，果皮油绿色，有光泽，果肉白色，种子千粒重 5.0 克，蛋白质和维生素 C 含量高，品质好。抗黄萎病和晚疫病，一般亩产 5 000 千克左右。

栽培要点：①茄子栽培忌连作，一般实行 5 年以上的轮作。对同科异种作物实行 3 年以上的轮作。嫁接栽培也是防止黄萎病发生的重要措施。②沈阳地区温室育苗，苗龄 80 天左右，露地栽培亩保苗 3 000 株左右。③在大棚中栽培采用双干整枝。④该品种喜肥水，尤其在生长中后期应加强肥水管理，以保证茄子产量和品质。

适栽范围：适于辽宁等地栽培。

9. 安德烈 荷兰瑞克斯旺公司生产的杂交品种（图 9），2003 年引入延安地区栽培。

品种特性：植株生长旺盛，开展度大，花萼大，叶片中等大小，无刺（图 10）。早熟，丰产性好，采收期长。果实灯泡形，直径 8～10 厘米，长 22～25 厘米，单果重 400～450 克。果实紫黑色，绿把，绿萼，质地光滑油亮，果实整齐一致，味道鲜美。亩产 5 000 千克以上。

栽培要点：适用于不同季节种植。

二、茄子育苗关键技术

茄子栽培可以用种子直播法，也可用育苗移栽法。种子直播法省工，但用种量大，用种量 100 克/亩以上，茄子出苗后受气候因素影响大，苗期占用面积大；在整个生长期内，营养生长期较长，而开花、结果的生产期短，茄果收获、上市晚，产量也低，且管理困难。因而，生产上多采用育苗移栽法。一是育苗移栽法可节省用种量，每亩用种量仅 15～50 克，大大降低了种子成本；二是土地利用率高，育苗的苗床占地面积小，占地时间缩短，收获后或定植前还可以再种植其他蔬菜，增加栽培茬次；三是可以在不适合茄子生长的季节，通过应用保护地等设施，采取人工控制措施，将漫长的育苗期安排在非生产季节里，提前培育优质壮苗，当大田或保护地内的温度（气温、地温）、湿度等条件适宜时进行茄苗的提早定植、收获和上市，获取较高的经济效益；四是加长了茄子开花、结果的时期，提高了茄子的产量；五是降低生产成本，培育 1 米^2 的茄苗可以满足约 10 米^2 栽培田的用苗需求，用工量仅为露地直播的 20%～30%，灌水、喷药等农事操作费用也低。

茄子壮苗的标准：有 7～8 片真叶，叶色浓绿，叶片大而肥厚，茎粗壮，节间短，株高不超过 20 厘米；带小花蕾，植株呈塔形；根系发达，完整，活力强；无病虫害，并经过充分锻炼。一般棚室育苗需 70～90 天，阳畦育苗需 90～110 天，夏播或秋延后育苗需 45～60 天。

（一） 营养土育苗技术

营养土是指用大田土、腐熟的有机肥、疏松物质（可选用草灰、细河沙、细炉渣、炭化稻等)、化肥等按一定比例配制而成的育苗专用土壤。良好的营养土要求养分齐全、酸碱适度、疏松通透，保水能力强，无病菌、虫卵和草籽。

1. **育苗设施** 用于茄子育苗的设施主要有温室、大中小棚和阳畦等，其热源主要是阳光增温、酿热加温、火热加温和电热加温等。保温主要靠草苫、塑料薄膜等覆盖物，如温室套小棚，大棚套小棚，小棚上再加盖草席、帘子等，都是有效的保温措施，每增加一层薄膜，可使低温时棚内比棚外或外层棚内温度高 1~2℃。不论采用哪种育苗设施，都要保持床内温度在 10℃以上，以达到育苗要求。

下面介绍几种育苗设施及其建造方法。

(1) 阳畦。 阳畦又叫冷床，是利用太阳光的热能来提高畦温的一种保护育苗形式，它取材方便，成本低，是春露地栽培最普遍的一种育苗形式，由风障、阳畦和覆盖物组成。如果阳畦搭设在房屋、大墙前等向阳避风处，可省去风障。风障由玉米秸秆、稻草、竹竿和草绳组成，阳畦上白天覆盖玻璃窗或塑料薄膜，夜间覆盖草苫。阳畦有平面、斜面、半拱、改良阳畦、小拱棚 5 种形式。平面畦一般为分苗畦，南北走向，畦长 10 米，宽 1.5 米，深 30 厘米左右。

茄子的标准育苗畦，一般东西走向，长 10 米，宽 1.5 米，北墙高出畦面 40 厘米，厚 30~35 厘米，南墙高 10~12 厘米。选择背风向阳，地势高燥，土壤肥沃，排灌方便，未种过茄果类蔬菜的地方。育苗畦应在土壤封冻前打好，前作收获后尽可能提早深翻，以利进行烤土、晒土；在作苗床前，还要洒石灰或施用土壤消毒剂消毒。作阳畦时，不要将畦内表土打在墙上，待阳畦打好后再把表土回填，进行翻晒熟化，并于播种前搭好风障。

(2) 日光温室。 日光温室是北方棚室茄子、早春双覆盖茄子生产育苗的主要设施，温室主要为单坡面温室和部分双屋面温室、连栋温室。日光温室的保温效果好，冬季温室内的温度较高，易于培育出适龄壮苗，是低温期主要的育苗方式，也是专业育苗的主要方式之一。但建造温室投资较大，育苗成本比较高，专业育苗单位多用此法。

(3) 塑料大棚或者中小拱棚。 塑料大棚是夏秋季及南方育苗的主要形式。一般为钢管或竹木结构。跨度 4~6 米为中棚，跨度 6 米以上为大棚，长度视情况而定。大棚以镀锌钢管薄膜装配式居多（图11）。自制竹木结构大棚用竹木作支柱，用直径为3～4厘米的竹子作拱架，纵向设2～5道拉杆。制作时先固定好支柱，再将拉杆固定于支柱上，然后各拱架一头向内或对插于两边标线上，再将顶梢由下向上逐步绑在拉杆上，最后将2个顶梢牢牢地连在一起，扣上膜，拉上压膜线即成。

以上育苗设施只靠太阳光辐射增温，没有任何加温措施，为冷床育苗。用人为的方法如酿热加温、火热加温和电热加温等，来提高畦温进行育苗的，为温床育苗。一般来说，北方茄子播种苗床常用温床，分苗苗床用冷床。

常用的温床有3种，酿热温床、电热温床和火热温床。

酿热温床是利用细菌分解有机物发酵产生热量，来提高畦温的温床。有机酿热物以骡马粪、鸡粪、羊粪等最好，发酵快，温度高；其次是碎草、树叶、杂草和农作物秸秆等，但发酵慢，温度低。马粪与秸秆混合使用效果好，一般马粪与秸秆的比例为（2～3）∶1，酿热物的含水量以65％～75％最好。酿热温床虽节约能源，但苗床温度较难控制，现在很少采用此种育苗设施。

电热温床是在畦内铺设电热线，通电后发出热量提高局部范围内土壤温度的苗床。热量在土壤中传导的范围，从电热加温线发热处，向外水平传递的距离可以达到25厘米左右，15厘米以内的热量最多，要想使苗床土壤热量分布均匀，线与线之间的距离不宜超过20厘米。这种加温方式可以使苗床保持较高的温度，满足幼苗生长对地温的要求。电热育苗出苗快而齐，能在短时间育出适龄壮苗，病害轻；能实现温度的自动控制，便于管理，省工。目前应用最为普遍。一般每平方米苗床选定功率为100瓦左右，12～15 米^{2}苗床用800～1 000瓦、100米长的电热线1根。

火热温床是靠烧煤、柴等燃料发出的热量通过火道来增温，或通过地热水资源、电鼓风等形式来增温的育苗苗床。这种方法成本较高，有条件的地方可以用。

2. 床土的配制　用于茄子育苗的床土有机质含量要高，氮、磷、钾、钙、镁、铁等养分要齐全而充足；土质疏松，透水性、透气性良好，中性至微碱性；土质清洁，未受污染，不带病菌、虫卵及对茄苗有害的成分。在优良的床土上，茄苗根系发达，生长快，病虫害少，易于培育出壮苗，促进茄子早开花，利于提高早期产量。

床土 pH 以 6.8～7.3 为宜。因酸性过强时，根系的吸收功能减退，磷等矿质元素被固定，根系不易吸收；此外，土壤中有益微生物的活动也受到限制，土壤肥力下降；还容易诱导病害发生。而如果碱性过大，对根有害，而且磷、锰、锌等微量元素的溶解度大大降低，不易被根吸收利用。

为了使床土的保水性和透水性都好，要使床土具有良好的团粒结构，又保持了良好的通气性。

育苗苗床分播种苗床和分苗苗床。床土应选择 3～4 年未种过茄果类蔬菜的园田土（葱蒜类田土最好），与人粪尿、鸡粪、牛粪、猪粪等腐熟的有机肥按一定比例配制而成。

园土是配制床土的主要成分，必须从 3～4 年内没有种过茄果类蔬菜的园田或未种过棉花的土地上掘取；最好是从刚种过葱蒜类、芹类、生姜或水稻等的地块上取土；且以 15 厘米以内的表层土质量最好。园土最好在高温时掘取，经充分烤晒后打碎、过筛，并堆于室内或用薄膜覆盖，使其保持干燥状态。

床土中的肥料主要指有机肥料，如鸡、猪、牛、马粪或优质堆厩肥等，这些有机肥料必须充分发酵腐熟后才能使用，否则，引起苗子烧根死苗和苗期病虫害。此外，还应加入少量的无机化学肥料，以补充微量元素的不足。磷对茄子幼苗，特别是花芽分化的影响很大。磷充足，花芽分化早，发育好，花多，始花节位低，坐果率高，要重视苗床中磷肥的应用。

对于这些原料的选择，应力求就地取材，做到成本低，效果好。

培养土的消毒。为了防治苗期病害，尤其是老菜区，要进行床土的消毒处理。常用的消毒方法有：

福尔马林（40%甲醛水溶液）消毒：用福尔马林配成 100 倍的稀释液喷洒床土，1 千克福尔马林配成的稀释液可处理床土 4 000～5 000 千克。床土喷药后要拌匀，其上覆盖塑料薄膜闷闭 1～2 天，揭除薄膜后经 6～7 天待药气散尽即可使用。该法主要是防治猝倒病和菌核病。

代森锌消毒：用 50％代森锌药剂，加水 200 倍配成稀释液，1 千克药剂的稀释液可以处理床土 7 000～8 000 千克，床土较干时还可适当多加些水。该法主要用以防治立枯病。

五氯硝基苯消毒：用 70％五氯硝基苯粉剂与 50％福美双或 65％代森锌可湿性粉剂等量混合，1 米^{3}的培养土拌入这种混合药剂 8～12克。为混合均匀，可先将药剂拌入干细土 15 千克，再均匀拌入培养土中。播种前 1/3 药土作垫籽土，播种后再撒 2/3 药土做盖籽土。可防治苗期猝倒病和立枯病。

此外，还可选用专一的苗床消毒剂来消毒。

3. 种子处理

（1）播种期的确定。 播种期应依地区和栽培季节而定，根据当地气候条件、育苗条件、栽培方式以及定植适期确定播种期。定植适期的关键是，保护地栽培棚内气温不低于 10℃，10 厘米地温稳定在 13℃以上 1 周的时间，春露地栽培晚霜过后及早定植，从定植适期再往前推算一个苗龄的时间即为播种适期。

苗龄是表示秧苗生长发育的大小和长短的统称。因衡量角度不同可分为两种，一种是日历苗龄，以从播种至定植大田所经历的天数来表示，如 80 天、90 天等；另一种是生理苗龄，以秧苗的生长状态表示，通常用叶片数来衡量，如 6 叶苗、7 叶苗等，因此，在育苗时应考虑日历苗龄与生理苗龄的统一。一般温床育苗的苗龄 80 天左右（阳畦育苗因温度较低，苗龄 90～110 天），如果保温设施好，茄苗生长速度快，苗龄可相应缩短。生理苗龄也就是壮苗的标准应为：叶色浓绿，叶片大而肥厚，茎粗壮，节间短，植株呈塔形；根系发达，完整，活力强；有 7～8 片真叶，株高不超过 20 厘米，带小花蕾。

华北大部分地区越冬温室生产播期为 7～9 月，春大棚生产的播期为 12 月，双覆盖生产的播期为 12 月下旬至翌年 1 月上旬，露地生产的播期为 1 月中下旬，夏播生产的播期为 4 月中下旬。长江流域春季栽培一般于 10～11 月用冷床播种，或 12 月至翌年 1 月用温床播种。在海南及广东茂名、湛江一带，较为典型的主要有二茬，一茬是春种夏收供本地销售；另一茬是晚秋或初冬播种，播种期为 9～12

月，供深冬与春季收获，主要销往北方城市和港澳地区。

一般茄子亩播种量 30～40 克。每亩用播种苗床面积 3～4 米²，条、撒播均可，分苗的苗床按 1∶10 准备，每亩需 30～40 米²。如果采取一次成苗，则宜适当稀播，即每平方米苗床的种量，应控制在 1 克左右。

（2）种子处理。为促进出苗和预防苗期病害，茄子种子播种前，一般要进行晒种、消毒、激素处理、浸种、催芽等处理。

①晒种。晒种就是播种前将茄子种子置于太阳下晾晒。通过晒种，利用太阳光中的紫外线杀灭种子上所带的部分病菌，减少苗期病害；晒种可以提高种子的体温，促进种子内营养物质的转化，增强种子的发芽势；对一些新种子进行晒种，可以促进后熟，提高发芽率；晾晒后的种子含水量减少，吸水能力增强，可以缩短浸种时间。

夏季高温期晒种要避免阳光暴晒，也不要直接将种子放在水泥地或石板等吸热快、升温快的物体表面上，应将种子置于布或纸上，在中等光照下晾晒。若在强光下晒种，会使种子失水过快，伤害种胚；而在吸热快、升温快的物体表面上晒种，则易烫伤种子。

晒种时间不宜过长，一般晒种 1～2 天。选择无风天气晒种，且与其他种子相距较远，以防种子被风吹散或发生种子混杂。

②消毒。消毒就是对种子上携带的病菌、病毒及虫卵等进行处理，从而减轻苗期病虫危害。目前，多用高温灭菌和药剂消毒两种方法。

高温灭菌方法有温汤浸种消毒、热水烫种。

温汤浸种消毒把种子装入纱布内，用 50～55℃ 温水浸种，并顺着一个方向不断搅动，一直保持 15 分钟 50～55℃ 恒温。恒温 15 分钟后再倒入冷水，搅均匀，使水温下降至 30℃，继续正常浸种 8～10 小时。浸种过程中应反复淘洗和搓揉种子，以洗掉部分黏液。

热水烫种前先淘出瘪种子并保持冷水浸没种子，再倒入开水，边倒水边顺着一个方向搅动，在水温上升到 70～75℃ 时停止倒开水，在搅动中维持 1～2 分钟 70～75℃ 恒温，再倒冷水，使水温下降至 30℃，再浸泡 8～10 小时。

药剂消毒的方法主要有药剂浸种、药剂拌种。

药剂浸种消毒用于浸种的药液必须是溶液或乳浊液，不能用悬浊液。药液浓度和浸泡时间必须严格掌握，以免产生药害。药液要浸过种子5～10厘米。常用的药剂有50％多菌灵1 000倍液浸20分钟；10％磷酸三钠浸种20分钟；0.2％高锰酸钾浸种10分钟；100倍液福尔马林浸种10分钟。药液浸种后，要反复用清水冲洗，然后进行清水浸种。

药剂拌种消毒常用的药剂有克菌丹和多菌灵，药量是种子干重的0.2％～0.3％，充分拌匀，使药粉均匀地沾到种子上。种子的药剂消毒，可以消除种子表面及内部的病原菌，有着明显的防病效果。

③激素处理。激素处理的目的是打破休眠，提高种子发芽率，缩短发芽时间，使种子发芽整齐。目前，常用的激素以赤霉素为主。

④浸种。浸种就是在播种前对种子用水或营养液进行浸泡，目的是使种子在较短时间内吸足水分，缩短出苗时间，对于减轻苗期病害十分有利。

⑤催芽。茄子种子出芽对温度、湿度、透气性等条件要求比较严格，如果将消毒处理过的种子直接播种，往往会出现发芽和拱土困难。若将种子放置在温度、湿度、氧气及黑暗或弱光等条件适宜的环境中进行催芽，而后播种，则会缩短种子出土时间，提高发芽率和发芽整齐度。常用的催芽方法有：催芽箱或恒温箱催芽、常规催芽、锯末催芽、热炕催芽、变温催芽和低温催芽。

4. **播种** 选择晴天上午播种。播种的前一天要将苗床浇足底水，维持到出苗前不必浇水。播种时把畦面找平，再撒一层配好的1/3药土，然后将露白的种子均匀撒播，为使种子播得均匀，可将湿润的种子拌些干细土，细煤灰或炭化谷壳后再播种。播种后盖土时，先盖余下的2/3的药土，再盖优质营养土，盖土的厚度为1～1.2厘米。最后盖上新地膜保湿增温。有老鼠的地方一定要撒上毒饵。

种子发芽要求较高的温度，30℃左右时6～8天可发芽；15～20℃的条件下则需要20多天，且发芽率也降低了。由于北方播种季节比较寒冷，播后的主要任务是提高温度。一般要求白天气温保持25～30℃，夜间气温不低于18～20℃，地温保持20～25℃，一周即可出苗。顶土时及时揭去薄膜。夏播或南方外界气温高的地方播种还要扣塑料遮阳网。

5. 苗期管理 茄子苗期管理是指从出苗到定植大田这一段时期的管理。茄苗质量的好坏是茄子生产成功的关键，根据茄子幼苗生长发育的特点，尽量满足幼苗需要的光、温、水、肥、气等条件，培育适龄优质壮苗。

茄子幼苗生长发育的特点：幼苗 4 片真叶时开始花芽分化，是营养生长与生殖生长的转折期。4 片真叶前的营养生长阶段是苗期主轴及主轴上所附生的叶原基的建立，这阶段生长量很小，但相对生长速率极大。4 片真叶后是主轴生长锥的突起和分化以及相继而发生的次生轴器官的突起和分化，这时期生长量猛增，苗期生长量的 95% 是在此期完成。因此，4 片真叶前应以控制为主，适当促进积累营养为进行生殖生长打下基础，3～4 片真叶时进行分苗（移植），扩大营养面积，并给以适当的温度、水分等条件，保证幼苗迅速生长。

花芽分化的特点：茄子生长至 4 片真叶，幼茎粗度达 2.0 毫米左右时开始花芽分化。一般一个花房分化数个花芽，多数情况下只有一个花芽发育，其他花芽都退化。在适宜温度范围内，温度稍低，花芽发育稍有延迟，但长柱花多；反之，在高温下，花芽分化期提前，但中柱花及短柱花比率增加，尤其在高夜温影响下更加显著。在育苗期间，气温低于 7℃ 时，茎叶就会受害。育苗期间以日温 25℃ 左右、夜温 15～20℃ 为宜。

育苗期间的管理一般掌握"两高两低一控制"的原则。出苗期、缓苗期要求的温度较高，出苗后至分苗前、缓苗后至炼苗要求的温度较低，定植前 5～7 天要加强低温锻炼。为使幼苗健壮，苗期昼夜温差应保持在 5～8℃。

从播种到齐苗阶段的管理：主要是增温、保温。土温不应低于 17℃，最适地温为 20～25℃，最适气温为 25～30℃。茄子育苗大都在寒冷的冬季，为保温草苫应晚揭早盖，一般晴天上午 9 时左右揭开，下午 3～4 时盖严。用电热温床育苗的，此时应昼夜通电。当幼苗开始出土时，要及时断开电源，揭除地膜，并覆细土，一是为了保持土壤湿度，二是为了防止幼苗带帽出土。偏干的床面应覆潮湿的细土，潮湿的床面应覆干细土，这对防止因苗床湿度过大而引起的茄子猝倒病尤为重要。以后电热线是否再用，要根据天气情况而定。

从齐苗到分苗阶段的管理：即从齐苗到幼苗 2～3 片真叶展开前。此期应适当降低气温，防止幼苗徒长。白天温度保持在 20～25℃，夜间 15～20℃。晴天的中午适当顺风放风，幼苗拥挤的地方适当间苗。一般情况下这段时间不用浇水，特别干旱时可用喷壶喷水。

随着秧苗不断长大，苗间保留的距离已不能适应继续生长的需要时，为了防止拥挤，须把秧苗栽到新设置的苗床中去，这一措施称为"分苗""移苗"或"假植"。一般当茄子幼苗长到 3～4 片真叶时进行分苗。分苗要避开严寒期，选择晴朗无风的天气，在上午 9 时至下午 3 时进行。分苗时操作要小心，挖苗前一天喷透水，挖苗时尽量少伤根，苗挖起后按大小分级，分别栽植，可使苗子以后生长一致，管理方便。苗掘起后要立即移栽，防止受冻和日晒干旱的伤害。如果不能马上栽，要把掘起的苗用湿布覆盖。移栽时可按（8～10）厘米×（8～10）厘米株行距，以子叶高出土面 1～2 厘米为宜。栽植过深，不但伤害子叶，而且影响根系发育；栽植过浅，秧苗容易倒伏。栽苗前，先挖沟、浇水，再摆苗，后覆土，要使根系与土壤密切接触。注意晴天时，边分苗，边盖草苫，防止日晒萎蔫。

从分苗到缓苗阶段的管理：主要是增温缓苗。分苗后如天气晴好，应连续回苫 3～5 天，即上午 10 时至下午 3 时回盖草苫，下午 3 时后再把草苫揭开，5 时再盖好，避免日晒萎蔫。阴天时回苫时间短或不回苫，夜间增盖保温物。茄苗要求的温度较高，畦内温度应保持在 25～28℃，一般情况下这段时间不放风。

缓苗后到定植阶段的管理：缓苗后 4 片真叶时正是花芽分化时期，应加强光照、温度管理，还可叶面喷肥增加营养。随后气温逐渐上升，应逐渐加大放风量。畦内温度白天保持在 20～25℃，夜间 15℃左右。草苫也要由早揭晚盖过渡到不盖，逐渐对秧苗进行锻炼。如苗床过干，可视天气、幼苗的生长情况喷水或浇水，适时锄地保墒。

露地种植待终霜过后才可定植，定植前 7～10 天应浇 1 次透水，并逐渐加大通风量锻炼茄苗，直到白天将薄膜揭开后茄苗也不萎蔫。浇水后 3～4 天土壤干湿适度时，进行切块囤苗（即顺行间和株间切成见方的土坨，依次整齐地囤于原畦中，并用湿土把缝隙和周围填好）。若把苗直接分到营养钵内，直接炼苗即可。这段时间正值终霜结束期，应注意收听天气预报，防止霜打苗床，定植前集中打一次杀虫剂、杀菌剂，防治野虫、预防病害发生。

（二） 穴盘育苗

穴盘育苗是用一种被称为"穴盘"的容器作为工具的育苗方式（图 12）。穴盘育苗突出的优点表现在省工、省力、节能、节地、效率高，集中育苗、集中管理，利于实现专业化育苗；根坨不易散，缓苗快，成活率高；适合远距离运输和机械化移栽；有利于规范化科学管理，提高商品苗质量；可以进行优良品种的推广，减少假冒伪劣种子的泛滥危害。在 20 世纪 80 年代中期，这项现代化蔬菜育苗技术被引进到中国。现在北京、河北、河南、山东、山西、大连、贵阳、宁夏等地已相继建成一大批蔬菜穴盘育苗场。

现代的穴盘已经逐渐规格化，一张穴盘上连接十几个甚至几百个大小一致上大下小的锥形小钵，每个小钵我们称之为"穴"，穴与穴之间紧密连接，这样就达到最大的种植密度。而且，现代穴盘育苗已不再用土作基质，改用泥炭、蛭石、珍珠岩等轻材料作基质。

1. 穴盘育苗的优点 穴盘育苗与常规育苗相比，有以下优点：①省工、省力、效率高；②节省能源、种子和育苗场地；③成本低；④便于规范化操作；⑤适宜远距离运输。

茄子穴盘育苗的壮苗标准：5～6 片真叶，叶色浓绿，叶片肥厚，茎粗壮，节间短，根系发达完整，株高 15 厘米左右。幼苗无病虫害，并经过低温锻炼。

2. 茄子穴盘育苗技术

（1）基质的配制。 穴盘育苗所用的基质主要是蛭石或珍珠岩、草炭土和腐熟的优质牛马粪或鸡粪，再适当加入缓释肥料或少量化肥。草炭和牛、马、鸡粪都要过细筛，粪要腐熟。依据作者多年的实践经验，茄子穴盘育苗基质及配比通常用蛭石：草炭：鸡粪：牛粪为 2：1：1：1 或 1：1：0.5：0.5，再加少量缓释肥料。

（2）种子的处理。 培育优质穴盘苗，首先应选籽粒饱满、高活力、高发芽率的种子。由于许多厂家出售的是未经消毒的种子，为使种子发芽一致，播种前应进行种子处理。可将种子放入 50～55℃ 温水中，搅拌 20～30 分钟，在水中浸泡一段时间，漂去瘪粒，用清水冲洗干净，滤去水分，风干后备用。

（3）苗盘的选择。同样穴数的苗盘，方锥形比圆锥形容积大，可为根系提供更多的氧气和营养，因而多采用方锥形的孔穴。用过的穴盘在使用前应清洗和消毒，防止病虫害的发生或蔓延。一般茄子育苗使用的穴盘为 50 孔、72 孔，以 50 孔穴盘较好。茄子叶片较大，穴盘孔太小，容易造成叶片拥挤，易形成高脚苗。

（4）装盘与播种。穴盘育苗分机械播种和手工播种两种方式，若育苗数量不大，可采用手工播种法，将配好的基质装入穴盘，不可用力压紧，以防破坏其物理性质。基质不可装得过满，以防浇水时水流出。将装好基质的穴盘摞在一起，两手放在上面，均匀下压，然后将种子仔细点入穴盘，每穴 1～2 粒，再轻轻盖上一层基质土，与小格相平为宜。播种后及时浇水，穴盘底部有水渗出即可。但在实际操作过程中，由于这种基质不同于土壤，水不容易浇透，故装盘后先浇两遍水，把基质浇透后再进行播种。

（5）浇水。采用穴盘育苗，由于穴中基质量少，易干燥，浇水次数较多，浇水一定要浇透，以穴盘底孔有水渗出为准，冬春季出苗前可用地膜覆盖，保温保湿，夏季要放在阴凉处。苗期若发现苗子叶色发黄，生长较弱，可喷施 0.2% 磷酸二氢钾和 0.2% 尿素混合营养液，进行叶面补肥 1～2 次。

当小苗长至 5～6 片真叶时，即可定植，直接将苗盘连苗一起运到大田，将小苗用手推出，植入田中。

（三） 嫁接育苗

茄子生产中由于常年栽培、重茬，造成土壤传染病虫害如黄萎病、枯萎病、青枯病和根结线虫等，常使植株死棵率达到 15% 左右，减产 12% 以上，严重的甚至绝收。为了解决茄子栽培倒茬轮作的困难，特别是温室栽培，采取茄子嫁接育苗栽培技术，能有效地防止土传病害的发生，解决茄子栽培不能连作的难题。嫁接栽培茄子根系发达、植株健壮、长势旺盛，还能减轻绵疫病、褐纹病的发生，增产幅度在 20％以上。

　　茄子嫁接应在温室或大棚里进行，尽量避免风沙、雨水或畜禽的污染和破坏；嫁接时使用的刀片必须锐利，一般每面刀刃嫁接 150 株左右就要及时更换；操作人员的手和嫁接刀具，要在嫁接过程中多次用酒精或高锰酸钾溶液消毒，以避免病菌交叉感染。同时要注意消毒后手和刀片要等到晾干后才可接触切口，否则切口沾水或药液后愈合很困难。

1. 嫁接砧木与接穗的选择

（1）砧木。

　　赤茄：又称平茄、意大利红茄，是应用较早的砧木品种，主要抗枯萎病，中抗黄萎病（防效可达 80％）。种子易发芽，幼苗生长速度同一般栽培品种的茄子，嫁接成活率高，用赤茄作砧木需比接穗早播 7 天。土传病害（黄萎病）严重地块，不宜选用该品种作砧木。

　　刺茄：也称 CRP，因茎、叶上着生刺较多而得名。刺茄高抗黄萎病（防效在 93％以上），是目前北方普遍使用的砧木品种，种子易发芽，浸泡 24 小时后约 10 天可全部发芽。刺茄较耐低温，适合做秋冬季温室嫁接栽培，苗期遇高温高湿易徒长，需控水蹲苗，使其粗壮，用刺茄做砧木需比接穗早播 15～20 天。

　　托鲁巴姆：由日语音译而得名，该砧木对枯萎病、黄萎病、青枯病、根结线虫病 4 种土传病害，达到高抗或免疫的程度。根系发达，植株长势极强，节间较长，茎及叶上有少量刺，种子极小，千粒重约 1 克。种子在一般条件下不易发芽，需催芽。常采用赤霉素浸种催芽，即浸种时用每千克水用赤霉素 100～200 毫克，浸泡 24 小时，再用清水浸洗干净，放入小布袋内催芽，应注意保温、保湿。催芽播种需比接穗提前 25 天，如浸种直播应提前 35 天。幼苗出土后，初期长势缓慢，3～4 片叶时生长加快。

　　（2）接穗的选择。以上介绍的几种砧木，对于生产常用茄子品种做接穗亲和力均较强，嫁接后一般 7～10 天伤口都能愈合，砧木对接穗的要求不严格。嫁接后接穗种性不变，茄子品质不变，商品性更好，主要是不受土传病害为害，果形正、亮丽。华北地区接穗多选用茄杂 2 号、圆杂 2 号、丰研 2 号等主栽品种。

2. 嫁接育苗

（1）播种期的确定。 根据不同生产目的（如露地、拱棚、温室）及当地气候条件，确定播种期。一般嫁接育苗比普通育苗播期要提前，提前的天数根据所用砧木而定，一般是砧木的出苗天数加上嫁接伤口愈合的天数为 30～45 天。要先播砧木后播接穗，参照自根（未嫁接）茄子苗龄，不同砧木品种需要提前催芽播种，用托鲁巴姆作砧木时在播后 60 天左右进行嫁接。

（2）种子和床土消毒。 为防止种子带菌传病，接穗种子在浸种催芽时，要采用 55℃温汤浸种，或用 50％多菌灵 500 倍液浸种 2 小时，为防止土壤带菌传病，接穗育苗床土要选择没有栽种过茄科作物、棉花的大田土，或采用无土育苗措施育苗，避免床土带菌传染病害。

（3）嫁接方法。 嫁接前要做好准备工作，提前两天将砧木和接穗苗床浇足底水，并准备好足够的嫁接固定夹子及锋利的刀片（剃须刀片即可）。常用的嫁接方法有劈接和贴接两种。

①劈接法。当砧木苗 6～7 片叶，茎高 20 厘米左右，茎粗 3～4 毫米，接穗 6～7 片叶时为嫁接最佳时期。砧木苗在距茎基部长 4～5 厘米处横切，除去砧木下部萌发的腋芽和叶片，用刀片横断茎部，然后由切口处沿茎中心线向下劈一个深 0.7～0.8 厘米的切口；选择粗细与砧木相近的接穗苗，保留上部 2～3 片完全展开的真叶，按 30°斜度把茎削成斜面长 0.7～0.8 厘米的楔形，将其插入砧木的切口中，保证接穗形成层与砧木相应的形成层对准，用嫁接夹夹好，摆放到小拱棚里。嫁接后浇水时不能浇到接口上，以免切口感染。茄子嫁接常用劈接法。

②贴接法。砧木和接穗长到上述劈接法的标准时，开始贴接。砧木保留 2 片真叶，用刀片在第二片真叶上方的节间斜削，去掉顶端，形成角度为 30°的斜面，斜面径长 1～1.5 厘米。再将接穗拔下，保留 2～3 片真叶，去掉下端，用刀片削成一个与砧木同样大小的斜面，然后将砧木和接穗的两个斜面贴合在一起，最后用上述同样的特制夹子固定好。

（4）嫁接苗的管理。 茄子嫁接后前 3 天是接口愈合的关键时期，光照、温度、湿度要求严格，在管理上要特别注意。为了促进接口快速愈合，提高茄子嫁接苗成活率，必须为其创造适宜的温度、湿度和避光等条件。

①保温。嫁接后伤口愈合适温为 25℃左右。因此，苗床温度在 3～5 天内白天应控制在 24～26℃，最好不超过 28℃；夜间保持在 20～22℃，不要低于 16℃。可在温室内搭设小拱棚保温，高温季节要采取降温措施，如搭荫棚、通风等办法降温。3～5 天以后，开始放风，逐渐降低温度。

②保湿。伤口的愈合还需要较高的空气湿度，以避免叶片蒸腾失水，引起植株萎蔫，降低成活率。因此，保湿是嫁接后成败的关键。要求在 3～5 天内，小拱棚内的相对湿度控制在 90%～95%，4～5 天后通风降温、降湿，但也要保持相对湿度在 85%～90%，若达不到，可向苗床地面补水保湿。

③遮光。目的是减少叶片蒸腾，防止高温，保持湿度。避免接穗萎蔫，增加成活率。可用纸被、草帘等覆在小拱棚上，阴天不用遮。嫁接后的 3～4 天之内，要全部遮光，第 4 天开始早上适当在小拱棚顶部打开小缝进行通风换气，中午前关闭，以后逐渐增大通风口，延长通风时间。温度低时，可适当早见光，提高温度，促进伤口愈合；温度高的中午要遮光。6～8 天后，早晨将棚顶部打开 20 厘米左右，晚上关闭。经过 12～15 天，接口全部愈合好，撤掉固定夹子，恢复日常管理。可给嫁接苗叶面喷洒 0.2% 的磷酸二氢钾和 72.2% 普力克 600 倍混合液，有效防止接穗叶片黄化病变。

嫁接苗砧木经常长出侧芽，应及时抹掉，接口要离地面稍高一点，以免土表病菌溅到伤口上使茄苗侵染病菌。嫁接茄苗定植后，砧木还会长出一些侧枝，也应及时进行田间检查，随时抹掉，但也要避免伤口侵染病菌。

三、露地栽培关键技术

茄子喜温怕湿，怕冻霜，因此露地栽培只能在当地无霜期进行。茄子露地栽培根据播种期和栽培时间分为春露地栽培（春茬）、夏露地栽培（夏茬）、秋露地栽培（秋茬）、冬露地栽培（冬茬）。我国各地全年气候不同，茄子露地栽培茬次安排也不同，华北地区、黄淮海地区、东北地区一般为春茬和夏茬；长江中下游地区一般为春茬、夏茬、秋茬；西南地区一般为春茬和秋茬；广东地区可全年露地栽培，春、夏、秋、冬4个茬次均可。

（一） 早春茄子露地栽培技术

茄子的春露地栽培，由于没有任何防寒措施，是完全在自然条件下进行生产的一茬。所以，露地春茬茄子一般是在当地晚霜期过后，日平均气温在15℃以上的时候定植。

1. **品种选择** 春季露地栽培茄子的生长期在炎热季节，因此应该选择耐热性强、产量高、抗病性强、品质好的茄子品种；并要求所选品种应当适应当地消费习惯和市场销售状况。适宜春季露地栽培的品种很多，不同地区的确由于气候及消费习惯的差异，选用的品种也各不相同。华北地区以紫圆茄为主，多选用北京六叶茄、七叶茄、丰研2号、快圆、大茂、二茂、茄杂2号等早、中熟圆茄品种，以紫色为主；华中地区选用郑研早紫茄、郑茄1号、茄杂2号、世纪新茄2号等品种；东北地区多选用长茄品种，如以黑紫色长棒形茄子品种为主，有少量绿色长茄、绿色卵圆茄，如龙杂茄3号、辽茄1号、辽茄4号等品种；长江以南地区以紫长茄为主，主要栽培品种有徐州长茄、紫龙3号、杭茄1号等；长三角地区以紫红色、紫色条形茄子品种为主，主要品种有引茄1号、浙茄28、杭州红茄、苏崎茄等。茄子露地栽培在北方地区多采用移栽的方式。

2. **播种育苗**　播种期应根据当地终霜期早晚、育苗方式、栽培品种与目的、育苗措施以及育苗技术来综合决定。一般茄子的苗龄在100～110天，华北地区在温室育苗，一般在2月播种，4月下旬定植。长江流域一般在12月中下旬播种，华南地区可提前到10～11月播种。东北地区可于1月中下旬温室或温床育苗。

合理安排茬口，整地施肥，茄子适宜有机质丰富、土层深厚、保肥保水力强、排水良好、微酸至微碱性的土壤栽培，忌重茬连作。茄子连作或与茄科作物如番茄、辣椒、马铃薯等轮作至少需要3～5年。茄子的前茬最好是空茬，其次是葱蒜类、豆类、瓜类蔬菜，再次是白菜、甘蓝、绿叶类蔬菜。茄子与大田作物如水稻、小麦、玉米等轮作，效果也很好。由于茄子的病害多为土壤传播，因此忌连作，也不宜在茄科作物茬口上栽种，一般实行4～5年轮作，前茬作物为葱蒜类可减轻病害。

苗床土的配制，可用过筛的优质腐熟农家肥或鸡粪与3年内未种过茄科作物的田园土充分混合均匀，再向每立方肥土中加入过磷酸钙3～4千克、磷酸二铵1.5千克、草木灰5千克左右，混合均匀后将营养土撒在苗床上。播种前进行土壤消毒，可采用每平方米床面用五代合剂（用40%的五氯硝基苯粉剂5份与80%的代森锌可湿性粉剂5份混合）8～9克，或用多菌灵每平方米床面用药10～20克，使用药剂时要与肥水充分搅拌。

春露地栽培茄子育苗时由于外界气温较低，为了防止发生苗期冻害，可采用电热温床育苗，在苗床上铺设地热线进行人工加温。播种选择在晴天上午，将经过浸种催芽的种子均匀撒在畦面上，上盖1厘米厚的营养土，后盖地膜，再加盖小拱棚，以保持苗期温度，促进幼苗出土。出苗前白天温度保持在25～30℃，夜间16～20℃，地温20℃左右，一般5～6天可出齐苗，70%出苗后撤去地膜。

3. **定植**　早熟春茄子的定植期略晚于番茄，应该根据当地及定制地块的气候条件、茄苗的大小而定。露地定植茄子的依据是，当外界气温稳定在0℃以上，要求10厘米土壤温度稳定在15℃以上时，是定植的适宜时期。因此，露地定植必须在晚霜过后。定植过早，可能受到晚霜的危害；定植过迟，收获期推迟，河北省中南部地区多在4月中下旬定植，河北省保定市以北地区及京津地区在5月上旬定植。定植时要注意天气变化，根据春天气温变化特点，应在晴暖无风或小风天气定植。

茄子的产量高低主要是由定植株数、单株果树和单果重三个因素决定。茄子的结果习性很有规律，圆茄类品种主要产量集中在四门斗以下的果实，长茄类品种主要产量集中在四门斗以上的果实。因此，在一定的栽培技术水平下，靠增加单株结果数和单果重来提高产量潜力不大，必须靠增加单位面积的株数来提高产量。实践证明，在一定范围内适当密植，单果重略有下降，但结果数增多，产量仍能大幅度增加。早熟品种每亩2 500～3 000株，株距35～40厘米，行距70～80厘米；早晚熟品种每亩2 000～2 500株；通过双干整枝或者三干整枝时，密度能提高到3 500株，这样可以大大提高早期产量。近年来茄子生产提倡整枝和"闷尖"等栽培技术，可提高定植密度和产量，特别是前期产量，增产明显。

早春气温低时，采用"暗水法"定植，即先开沟浇水，水渗入一半时，摆放茄苗，让水浸润苗坨，水渗完后覆土，定植结束后，地面上基本不见明水。这种方法可以提高地温，防止土壤板结，有促进缓苗的作用；在栽培面积较大、气温高时，可采用明水干栽法，即按株行距要求栽苗，栽苗结束后再一次浇足定植水。这种方法省工省时，定植速度快。

俗语有"茄子露坨，茄子没脖"，定植时，茄苗的定植深度应适当深一些，一般没过土坨2～3厘米为宜。不要过浅，过浅不利于不定根的形成，进入结果期容易倒伏，影响产量；也不能过深，实践证明，定植太深，由于通气状况不良，缓苗慢，茄苗不发，严重时容易引起沤根或根腐病。建议在茄子定植时，宁可浅一些，不要太深。至于定植过浅引起的结果期倒伏，可在团棵前通过中耕培土的办法来解决。

4. **田间管理** 露地栽培茄子，其温度湿度由于受外界环境影响较大，人工无法调控，因此温度、湿度管理不是露地栽培茄子的重点，其管理重点主要是集中在追肥、浇水、中耕除草、搭架、整枝以及防止落花落果和病虫害上。

（1）肥水管理。 首先要对死苗及时补栽，保证全苗。由于茄子是陆续采收的蔬菜，对肥水要求较高，因此，充足的肥水供应是保证茄子丰产的重要措施。重点有两个时期，门茄"瞪眼期"，结合中耕进行浇水追肥；对茄和四门斗茄相继膨大期，这个时期对肥水的要求达到高峰，如果营养不足，将影响果实的品质及产量，每公顷追尿素 113 千克。茄子的耐旱性差，需要充足的土壤水分，一般要求保持 80％的土壤湿度，前期，除浇一次缓苗水外，要少浇水，多松土，根据降雨情况，每隔 4～6 天浇一次水，进入雨季后要注意排水防涝。

（2）中耕培土。 植株定植后一般需要 2～3 次中耕培土，有利于提高土壤湿度，减少土壤水分蒸发，促进缓苗和生长。第一次在缓苗后 3～4 天进行；过 7～10 天进行第二次中耕，适当培土；第三次中耕必须在封垄之前进行，要多培土，便于排水和防止植株倒伏。

（3）整枝摘叶、防止落花落果。 整枝摘叶的目的是减少养分消耗，减轻病害的发生，改善通风透光条件，促进同化作用。整枝时要随着茄子的分枝习性，及时将二杈分枝以下侧枝全部摘除，摘叶时应在茄子缓苗后，陆续摘除枯黄叶和病叶，适当摘去过密的叶子，以改善通风透光条件，减少养分消耗和减轻病害的发生。用对氯苯氧乙酸（俗称"番茄灵"）25～40 毫克/千克溶液喷当日开放的花朵可防止落花，加速幼果膨大，提早上市。

5. **采收**　茄子以嫩果为产品，具有分期采收、收获期长的特点，一般早熟品种在定植后 40～50 天采收，中熟品种定植后 50～60 天即可采收，晚熟品种定植后 60～70 天开始采收。采收的时间以早晨最好，果实显得新鲜柔嫩，除了能提高商品性外，还有利于贮藏运输。因为早晨茄子表面的温度比气温低，果实的呼吸作用小，营养物质消耗也少，所以显得新鲜柔嫩。采收时最好用剪刀剪下茄子，并注意不要碰伤茄子，以利于贮藏运输。

（二） 夏秋茬茄子露地栽培技术

茄子夏秋季露地栽培是春季露地播种育苗，在麦茬地定植，秋季上市供应的一种栽培方式。这种栽培方式，育苗、栽培均为露地，非常简单容易，无须设施，成本很低，能解决秋淡季的蔬菜供应问题，是广大农村最乐于采用的一茬栽培方式，它又是麦茬地中经济效益较高的种植方式。所以，在华北地区农村种植面积非常大。

1. 品种选择 夏季天气炎热多雨，病虫害严重。因此，在选用品种时，应该选择植株长势强、耐热、抗病、丰产、品质好的中晚熟品种。夏季栽培不宜选用早熟品种，因一般早熟品种耐热性、抗病性差，品质也较差。同时夏秋季节有春季露地茄子上市，不需要早熟早上市。目前适宜栽培的品种，有济南大长茄、安阳大红茄、北京九叶茄、博杂1号、绿冠、安茄2号、紫光大圆茄、北京长茄等。此外，在选用品种时，需要根据消费者的食用习惯，选择适当的果性、果色和单果重的品种。

2. 播种育苗 华北地区麦茬腾地在6月中下旬，夏茬茄子育苗的苗龄为80天左右，播种适期是4月上旬。4月上旬气温较低，茄子秧苗发芽生长缓慢，同时，又怕晚霜危害，所以育苗畦上最好短期内覆盖塑料薄膜，或设立风障以防风、防霜和提温。

夏季苗床选择需要在地势高、排水良好、土壤肥沃的地块，附近3年内没有种植过茄科蔬菜或马铃薯，从而防止病虫害发生。在京津地区，苗期播种期为4月中下旬至5月上中旬，苗龄55~60天；将浸种后的种子均匀直播在苗床上，播后覆细土1.5~2厘米，需要浇透底水。

3. 苗期管理 播种后5~6天即可出苗，出苗后需撒一层细潮土，防止幼苗徒长、细弱。苗子长到2叶1心，及时将密集苗、病苗、弱苗和畸形苗去掉。遇到高温天气，需要经常浇水，保持畦面湿润。苗期缺乏营养，可用0.3%尿素或0.2%磷酸二氢钾溶液喷施叶面，进行补肥。夏秋茬茄子为高温多雨天气，为了便于排水，一般选择做成高垄或高畦。高垄高度为10~15厘米，垄宽50~60厘米，垄距 30～40 厘米；高畦畦高 10～15 厘米，畦面宽 70～80 厘米，畦底宽 90～100 厘米，间距 30～40 厘米，每畦定植 2 行。

4. 定植　华北地区定植期在 6 月中下旬至 7 月上中旬，此时，天气炎热，为防日晒萎蔫，利于缓苗，宜选择阴天凉爽天气，或者下午进行。定植在沟内，实行大小行栽植法，有利于田间管理和中后期通风透光，减少病虫害。

定植时，边移栽边浇水，定植第 2～3 天立即浇第二水，待缓苗后，立即中耕 2～3 次，进行蹲苗。定植后如果浇水过大，或者遇到大雨，秧苗倒伏或叶片被泥糊住，应该立即扶苗，并且用喷雾器喷水冲洗叶片。已经死的秧苗，需要及时补苗。在缓苗期应及时喷洒氧化乐果或百菌清等药液防治红蜘蛛和绵疫病等。

5. 田间管理

（1）水分管理。夏季茄子定植后正值高温季节，蒸发量大，浇透定植水后，2～3 天再浇一次小水，以提高定植成活率。常规水分管理以见干见湿为准。在夏季多雨季节，需注意排水放涝，在门茄坐住后，保持土壤湿润，可以每 7 天浇一次水，若遇到高温干旱季节，需要适当补水。

（2）追肥。夏茬茄子虽然生长期长，枝叶繁茂，但只要施足底肥，追肥可适当减少。定植到坐果前一般不追肥，茄子四门斗茄膨大期后，要加大追肥，每隔 10 天追一次化肥，每亩每次尿素 10 千克，延长茄子叶龄，防止高温早衰，促进果实生长。尿素在土壤中转化为碳酸氢铵后，茄子的根系才能吸收利用，转化的速度和强度与气温有关系，夏秋施尿素应比碳酸氢铵早 2～3 天。茄子封垄后，提倡使用"随水施氮"技术，不仅可使氮肥渗到耕层中下部，便于根系吸收，而且还避免了氮素的挥发损失。

（3）植株调整。茄子门茄下部叶腋间易萌发侧枝，一般要求门茄坐住后及时去掉。茄子可采用单干整枝，就是在茄子每次分杈时，都去除弱分枝，保留强分枝，植株生长期始终保留 1 个结果枝；或者采用双干整枝，就是在植株第一次分杈时，保留 2 个分枝同时生长，以后每次分枝时只保留 1 个分枝，使植株整个生长期保留 2 个结果枝。为了提高产量，可不留门茄，留对茄，使植株长势更强。由于夏季高温，植株生长快，在结果盛果期需要不断打除下部老叶及上部过多的小侧枝，减少养分消耗，有利于通风透光，减少病虫害的发生，提高果实着色度和商品性。

（4）保花保果。 夏秋茬茄子生长前期因高温不利于开花授粉，需要植物生长调节剂处理花朵，防止落花，生产上采用 20～30 毫克/千克防落素喷花保果。同时注意秧苗缓苗、门茄在开花至坐果期间，应蹲苗控制浇水，适当控制茎叶生长，防止落花，促进坐果。但是，此期间天气炎热，如土壤干旱，很容易因缺水落花。因此，蹲苗不可过度，还应适时灌水。因为雨季到来，经常下雨，也很难做到控制土壤水分。在这种情况下，可在雨后或浇水后及时进行中耕松土，尽量减少浇水次数来达到蹲苗的目的。

门茄坐果后，及时将门茄以下多余的侧芽抹掉。这一工作需要多次进行，一旦发现就要立即抹除，否则会因侧枝徒长而浪费养分，影响产量。同时，过多的侧枝会加剧郁蔽和不通风现象，从而导致病虫害严重发生。

门茄坐果后应及时追肥一次有机肥。每亩应施腐熟的优质圈肥 400～500 千克，撒在植株周围，随即培土掩埋。培土高度 15～20 厘米，使茄子变成垄栽的形式，这样有利于防止倒伏。培土后立即灌水。门茄一旦坐果，蹲苗期也就结束了，土壤应该经常保持湿润，如果无雨，每 5～6 天应浇水一次。

6. 病虫害防治 夏秋茬茄子生长在高温多雨的季节，病虫害发生严重，主要病害有炭疽病、病毒病、黄萎病等，主要虫害有蚜虫、红蜘蛛、茶黄螨、斜纹夜蛾等。病虫害应该以预防为主，采取综合防止措施。针对病害较为严重的茄子绵疫病和黄萎病，定植后应每隔 7～8 天用 25% 阿米西达悬浮剂 1 500 倍液或达克宁 600 倍液、77% 可杀得可湿性粉剂 500 倍液预防，采用各种药剂交替使用，能达到最佳的预防效果。茄子在盛果期，正值高温高湿季节，绵疫病、褐纹病发生严重，最好每隔 8～10 天喷一次百菌清或波尔多液防治。

7. 采收 夏茬茄子一般播后 50 天左右开始收获。门茄应该适当早收，防止赘秧。当进入生长盛期，一般应在品种所特有的长度和最大限度时采摘，这样既可保证商品质量又可提高产量，且上市销售价好。当地早霜临近时，茄子生长缓慢，采摘期应该比生殖生长旺期延缓 1～2 天采收。如果遇到雨季可提早采摘，防止雨后烂果。

四、设施栽培关键技术

目前，主流的茄子栽培设施是日光温室、塑料大棚、连栋温室等设施，在温度调控方面，不同茬口选择设施的类型不同。一般情况下在北方地区，早春茬栽培、秋延后栽培等不越冬茬口，出于节约成本的考虑，选择塑料大棚栽培；而涉及冬季茬口，选择的设施类型为日光温室。连栋温室，特别是玻璃型连栋温室，可以在各种茬口使用，但是其造价高，保温和降温成本均较高，主要用在展示示范、科学研究等方面，而在普通农户茄子生产中采用较少。随着技术的进步，育苗环节中采用的小拱棚设施，因其操作不方便，保温效果差，逐步退出了历史舞台。

本部分主要介绍设施茄子栽培的常见茬口，早春茬（春提前）、秋延后、秋冬茬和冬春茬等，从环境条件、播种育苗、定植前准备、定植、定植后管理、花期管理、坐果期管理、采收等环节进行介绍。

（一） 早春茬栽培关键技术

早春茬，也称为春提前茬，比露地春茬茄子提早 2～3 周上市，生产上一般采用塑料大棚种植。但在育苗环节，考虑到外界温度较低，采用具备加温功能的日光温室较为妥当，也有部分条件不具备地区，采用在塑料大棚里套小拱棚，并在小拱棚上覆盖草苫、保温被等覆盖物进行育苗。同时，在苗床上铺设电热丝，以增加苗床温度。

华北地区一般于 12 月下旬至翌年 1 月上旬播种育苗，3 月中下旬定植，4 月下旬开始采收上市，采收期可以持续到 6 月中下旬。东北、西北高寒地区一般于 1 月中下旬育苗，4 月上中旬定植，5 月上中旬上市。长江流域各地一般于 12 月上中旬播种育苗，2 月下旬定植，4月上旬开始采收。

1. **塑料大棚环境特点** 环境条件包括光照、温度、湿度、气体等方面，与露地环境不同，塑料大棚里的环境可以根据植物生长的状态和气候特点进行调控，从而满足设施茄子生长的需要。

(1) 光照。 塑料大棚内的光照度与薄膜的透光率、太阳高度角、天气状况、大棚方位及结构等有关，同时棚内光照也存在季节变化和光照不均现象。

光照度和时间随着季节变化而变化。一般塑料大棚为南北延长东西朝向，光照度从冬经春到夏不断增强，透光率也不断提高；而随着季节的变化，光照度从夏经秋到冬的顺序又不断减弱，透光率也不断降低。

塑料大棚方位对光照也有影响。一般东西延长南北朝向的塑料大棚比南北延长东西朝向的塑料大棚的透光率高，但南北延长的塑料大棚比东西延长的光照分布要均匀，所以在设计施工中一般采用南北延长。

不同透明覆盖材料的透光率不同，而且不同透明覆盖材料的耐老化性、无滴性、防尘性等性能的不同所导致的使用后透光率差异更大。目前，生产中多采用多功能复合膜，如乙烯-乙酸乙烯共聚物（EVA）防尘雾滴膜。

塑料大棚内光照存在垂直和水平变化，从垂直方向看，越接近地面，光照度越弱；越接近棚面，光照度越强。因此，大棚内的茄秧应当合理密植，防止因定植过密导致茄子生长中后期植株中下部受光不良。采取先密后稀的栽培方式，在生长中期去掉一些多余的茄秧，既有利于增加前期产量与产值，又能改善生长中后期茄秧群体内部的光照。

(2) 温度。 塑料大棚因为没有保温被等覆盖，因此塑料大棚内外的温度季节差和昼夜温差均比日光温室大。冬季塑料大棚内温度很低，只比外界气温高 1～2℃，冬季北方不能生长喜温作物，只有南方才能栽培喜温蔬菜。夏季晴天时塑料大棚内气温和地温均很高，如果没有相应的降温措施，茄子生长发育不良，影响产量。塑料大棚栽培比日光温室更易产生低温和高温危害。越是晴好天气，大棚的增温效果越强；越是阴冷天气，大棚的增温效果越差。每天日出后 1～2 小时迅速升温，10 时以前升温很快，下午 1～2 时棚内温度最高，2 时以后开始下降，且下降速度快。通常在早春低温时期，棚内可比露地增温 3～6℃，阴天时增温值仅 2℃左右；较温暖时期一般增温 8～10℃，外界气温升高时增温值可达 20℃ 以上。如外界气温在 -4～-2℃ 时，塑料大棚内会出现轻霜冻。

温度管理的主要措施是通风和保温，通风应注意循序渐进，切忌温度高时猛然通风。在温暖和高温季节，如果放风不及时、通风量小等，晴天中午前后易出现高温危害。防止高温危害的主要措施是及时通风，棚膜上面盖草苫、遮阳网、喷水和棚内灌溉等。此外，防止低温的主要措施，是尽量采用聚氯乙烯塑料薄膜扣棚，夜间棚外四周围草苫、棚内拉天幕、扣小拱棚、地膜覆盖栽培，适时通风、闭风，必要时棚内临时加温等。

（3）湿度。 一般塑料大棚内空气的绝对湿度和相对湿度均显著高于露地，空气湿度日变化较大，白天随气温升高，空气湿度变小，夜间随气温下降空气湿度变大。空气潮湿加上大棚的滴水造成土壤湿度偏大。在土壤湿润且无地面覆盖的情况下，密闭的棚内空气湿度夜间经常接近饱和，随着日出后棚内温度的升高，空气湿度逐渐下降，中午 12 时至下午 1 时空气相对湿度最低。在密闭的塑料大棚内空气相对湿度达 70%～80%，在通风条件下可降到 50%～60%；午后随气温逐渐降低，空气相对湿度又逐渐增加，午夜后又可到 100%。从大棚空气湿度的季节变化看，一年中早春和晚秋最高，夏季由于温度高和通风换气，空气湿度较低。一般来说，棚内属于高湿环境，作物容易发生各种病害。因此，在茄子栽培中，做好棚内湿度管理，对于茄子的正常生长发育和病虫害防治十分重要。

棚内湿度管理主要是主要通过通风排湿，抑制蒸发和蒸腾（地膜覆盖、控制浇水、滴灌、渗灌、使用抑制蒸腾剂等）来降低湿度。寒冷季节棚内温度低时可通过增温降湿。在茄子设施栽培中，一般采用地膜覆盖、膜下滴灌模式，从而抑制土壤水分蒸发，降低大棚里相对湿度。在春秋季节，如果棚内湿度过大，常采用通风降湿，以对流风排湿最有效。在寒冷季节，棚内每次浇水或打药都应尽量选在晴天上午进行，浇水量要适当控制，浇水后及时排湿。

（4）气体。塑料大棚是相对密闭状态，棚内气体状况与外界有很大的差异，尤其是在密闭不通风时差异更大，棚内的空气组成会影响蔬菜的生长。在空气中主要有氧气和二氧化碳，还可能有氨气、一氧化碳等有毒气体。大棚土壤中的氧气一般较为充足。影响茄子生长发育的气体是二氧化碳和有毒气体。

二氧化碳是植物光合作用的原料，外界大气中二氧化碳浓度一般十分稳定，约为 300 微升/升，棚内二氧化碳气体的浓度一般白天低于外界、夜间则高于外界，其变化与茄子生长发育和产量有密切的关系。在不通风或风力较小的情况下，棚内二氧化碳浓度昼夜变化剧烈。一般在上午日出前后，二氧化碳浓度达到最高点，可能达到或接近 600 微升/升，但这个浓度维持的时间很短，随着日出后光合作用的进行，二氧化碳浓度急剧下降，到上午 10 时前后光合作用最旺盛，二氧化碳浓度也随之降到约 100 微升/升或更低，这会严重影响茄子的光合作用和发育。补充二氧化碳的方法主要是进行通风换气或增施二氧化碳，大棚内一般采用化学反应法和颗粒法。化学反应法（1 份硫酸加 2 份碳酸氢铵）补充二氧化碳速度快，方法比较简单，成本低，又可以定量。具体方法是，在棚内每间隔 10～15 米挂一小塑料桶，桶内盛工业浓硫酸或盐酸、硝酸，再按棚内需要补充的二氧化碳浓度计算需要的碳酸氢铵量，装入一塑料袋内，扎口，并剪去一角，使用时投入桶内酸液中即可。释放二氧化碳的时间一般应在晴天上午 9～11 时。阴天不施或少施。颗粒二氧化碳施用操作更简便，持续时间长，易被种植户接受和使用，但二氧化碳释放慢，不能与茄子对二氧化碳的需要完全吻合，效果稍微差一些。

大棚里有时积累一些有毒气体，茄子易受其害，主要有氨气（NH_3）和二氧化氮（NO_2）等。棚内氨气和二氧化氮主要来自施入土壤中的尿素、铵态氮化肥或有机肥，尤其是施肥过量或土壤干旱时，肥料遇到棚内高温会产生大量氨气灼伤蔬菜。亚硝酸气体主要来自施入土壤中的硝态氮化肥和未腐熟的有机肥，一般植株中下部叶片容易受害。棚室加温时煤火燃烧不完全或烟道不畅，均会产生大量一氧化碳，对蔬菜都有不同程度的危害。劣质塑料薄膜在使用过程中也会散发出一些有毒气体并能够侵入植株内部，从而严重影响蔬菜产量和品质。

为了避免有毒气体的危害，应该采取防控措施。首先要适当通风换气，在冬春季节、晴天或久雨低温长期封闭的大棚，应该在中午气温较高时定期打开风口通风换气。即使下雨天气，也应做到短时间换气。其次要合理施肥，大棚施肥应以腐熟有机肥为主、追施化肥为辅。减少氮肥施用量，增施磷、钾肥。追肥要开沟深施，少量多次，施后盖土浇水。另外，要扫除顶棚水滴，选用无毒塑料薄膜，减少气害毒源，棚内用煤火加温时必须有烟囱排烟，充分燃烧煤炭。

2. 播种育苗 在品种选择上，早春茬一般选用生长快、结果早、适宜密植、较耐低温、耐弱光的早中熟和产量高的品种，并根据当地人们对茄子的消费习惯，选择果形、颜色适宜的品种。

塑料大棚春季栽培茄子，上市越早，效益越高。但大棚的保温性能有限，定植期受到限制。同期定植，播种期早的，始收期也早，早期产量和总产量也高；但播种过早往往导致幼苗在苗床内开花，定植后缓苗慢，而且门茄不易坐果；而播种期过晚，苗龄短，秧苗小，难以达到早熟栽培的目的。因此，选择适宜的播种期，培育适龄壮苗，是取得大棚春季早熟丰产的关键。

适宜的苗龄是以定植时70%以上的茄子植株带大花蕾为标准。选择播种期时，应根据不同地区和不同育苗方式来确定。一般来说，长江流域地区10月中、下旬可冷床育苗，华北地区11月中旬可冷床育苗或12月中下旬温床或温室育苗，东北地区1月中上旬温室育苗，必要时加电热丝，育苗床床温需18℃左右才可播种。

华北地区茄子育苗多在12月至翌年1月上旬，此时也是外界温度最低、光照最弱的时期，关键技术是增温保温。出苗前闭棚增温，保持棚温在28～32℃，10厘米地温应在20～25℃，4～6天即可全苗。齐苗后温度降至25℃，可小通风，或电热温床白天停晚上开，防控幼苗徒长，3叶1心时进行分苗。由于茄子根系分枝较少，根木栓化快，最好带坨分苗，以利于缓苗。分苗应在晴天中午，外界气温10℃以上时进行，分苗前床土和苗钵均应提前扣膜升温，起苗时尽量保持根系带土完整，争取日落前1～2小时分苗完毕，扣膜盖草苫保温。分苗后白天 25～30℃，夜间 20℃左右，促进缓苗。缓苗后，昼温保持在 25℃左右、夜温 15℃左右，定植前 1 周通风炼苗，并浇水切块蹲苗。

3. 定植前的准备

（1）整地施肥。 茄子栽培应避免连茬地块。自根苗栽培要选择 3 年以上未种过茄科作物的地块建棚，以防止土传病害的发生。实在避免不了连作时可以考虑采用嫁接苗，以便预防黄萎病等土传病害。大棚春茄子应于冬前准备好，深翻土壤，并于定植前 20～30 天提前扣膜。如果种过前茬作物，应将棚内残枝病叶等彻底清理干净，以免留下虫源和病菌，同时对大棚进行烟熏消毒处理。大棚秋茄子在前茬拉秧后及时清理田间，采用高温闷棚处理，消灭病原。

待冻土层化透后，每亩施入腐熟有机肥 5 000～7 000 千克，深翻 40 厘米，精细整地，按大行距 60 厘米、小行距 50 厘米起垄，定植时垄上开深沟，每沟施用磷酸二铵（磷肥）100 克、硫酸钾 10 克，肥土混合均匀。按 30～40 厘米株距摆苗，覆盖少量土，浇透水后合垄，每亩定植 3 000～3 200 株。栽时掌握好深度，以土坨上表面低于垄面 2 厘米为宜。栽苗过深，土壤温度低，不利于缓苗和前期生长；栽苗过浅，易于造成后期倒伏。

（2）扣棚。 塑料大棚栽培茄子，扣棚膜和揭棚膜的时间对栽培效果影响很大，有时甚至是决定栽培成败的关键。塑料大棚春茬茄子栽培应提早扣大棚，在定植前 30～50 天（2 月下旬至 3 月上旬）扣膜，并将大棚密闭进行烤地，目的在于促进土壤化冻，提高土壤温度。

塑料薄膜最好采用无滴防老化薄膜如乙酸-醋酸乙烯薄膜、聚乙烯塑料，以提高薄膜的透光率，促进茄子生长发育，并防止因薄膜滴水而引起病害。大棚两边底脚的内侧需要各加挂一层裙膜，以提高保温效果。随着气温的升高，当旬平均温度在 20℃时可以揭开部分棚膜，当旬平均温度稳定在 25℃以上时可以完全把棚膜揭去。此外，还可以在前一年秋末就用补好的旧塑料薄膜扣一冬天，定植前换上新的塑料薄膜，既能减少冬季冻土层深度，化冻早，又能减轻新膜污损。

4. 定植

（1）定植时间。茄子喜温、不耐寒，定植期的确定主要根据各地区的气候条件、大棚的保温性能及覆盖层数来决定。一般来说，当大棚内气温连续 7 天不低于 10℃，10 厘米地温不低于 12℃时即可定植。如果定植后在棚内再加扣小拱棚、地膜或加挂保温幕，一般每加盖一层保温材料，可使得夜间温度提高 2～3℃，定植期则可比单层薄膜覆盖的大棚提前 7～10 天。北京地区单层大棚一般在 3 月下旬至4 月上旬定植，如加扣小拱棚，3 月中旬左右即可定植。华东及华中地区则可相应提早 10～15 天。一般来说，单层薄膜覆盖的大棚在东北、西北和华北北部地区 4 月上中旬定植；华北中南部地区，定植期在 3 月中下旬；长江中下游地区定植期在 2 月中下旬。

（2）定植方法。棚内早春定植，应选择寒流刚过的回暖期晴天上午进行，定植前应关注天气预报，保证定植后连续 4～5 天的晴好天气，至少不发生寒流。一般采用挖穴或开沟定植。浇定根水有两种方法：一是将秧苗栽入定植穴内盖土一半时浇水，把苗坨浇透，水渗下后盖土；二是定植前 1 天浇水，定植时再补浇少量水，多采用此种方法。定植深度以土坨稍低于畦面为宜。定植要在上午完成，如果是下午较晚定植的，为防止地温降低，可在第二天上午浇水。有条件的，定植后可再加盖小拱棚或覆地膜保温。

定植方式根据覆盖地膜时间，大体分为 3 种定植方式，农户可根据实际情况选择。第一种定植方法是先覆地膜后定植，烤地 1 周后定植，用地膜打孔器按株距 30～40 厘米打栽植穴，把苗坨放入栽植穴中，土坨上表面低于地表 2 厘米左右，嫁接苗的接口要留在地上 3 厘米左右，把苗坨周围的潮土培向土坨，埋没 1/3 左右，浇两遍水，水渗干后封坨，把栽植穴周围的地膜埋严，防止外面冷空气进入膜下，降低根系温度。第二种定植方法是先定植后覆地膜，按株行距做畦、稳苗、浇透水，封土后覆地膜，这种定植方式操作速度较快，但地温不如先覆膜后定植的高，缓苗速度稍慢，在人手少的情况下比较适用。第三种定植方式是按行距开浅沟，按株距稳苗，沟浇水，水渗干后封沟，以后随铲地培土把垄或高畦打出来，定植时不覆地膜，而是按行扣小拱棚。前两种定植方式既可覆地膜又能扣小拱棚，第三种定植方式适于较温暖地区或定植较晚时采用。

茄子定植后秧苗生长比较缓慢,为了充分利用土地、阳光,并增加经济效益,可在生长前期与叶类蔬菜套种。定植前在不覆地膜的垄沟、畦沟播种茼蒿、生菜和小白菜等,出苗前定植茄子。或者茄子定植后立即在不盖地膜的垄沟、畦沟定植已育成的生菜等秧苗,畦上株间可见缝栽苗,门茄采收过程中这些绿叶菜即可上市完毕,茄子和叶类菜蔬菜两不误。

5. 定植后的管理

(1) 温度调节。茄子生长适宜温度高于番茄、甜椒,生育期适温24~30℃。早春大棚茄子定植后,外界气温较低,所以管理上以保温为主。定植前,一般要密闭保温不通风,以提高地温和夜温。早春若遇低温寒流天气,要通过在大棚内再扣小拱棚,小拱棚上再加盖草苫、保温被等措施来保温,以尽可能地增加棚内温度,促进缓苗。棚内湿度过大时,也需适当通风,但通风主要以降低空气湿度为目的,所以时间要短;缓苗期间要闭棚保温,尽量保持棚内温度在28~30℃,即使遇上晴暖天气,也不必揭膜通风。定植后,如果棚内温度低,则秧苗缓苗慢。只要棚内气温不超过40℃,一般不必担心对茄苗造成危害。如果晴天中午棚内温度高,秧苗出现萎蔫,可以在大棚外覆盖遮阳网,午后苗子恢复正常后要揭开遮阳网。要力争使夜温保持在15~20℃,以促进扎根缓苗。一般不浇水,但要中耕松土,以保温增温,缓苗结束的标志是秧苗长出新叶。从定植到缓苗结束,一般需要5~6天。缓苗后要逐渐加大通风,降低温度。白天到30℃时就进行通风,降到25℃时关闭通风口,早晨最低温度只要保持在10℃以上即可。

遇到寒流时要加扣小拱棚或在棚外四周围上草苫或者保温被防寒保温,必要时还要在棚内加火升温,防止棚内出现5℃以下的灾害性低温。随着外界温度的逐步升高,要加强放风管理,防止白天棚内温度过高。当外界最低气温达18℃以上时,或者地温稳定达到10℃时,可撤除围裙膜,昼夜通风,并将棚膜卷高1米左右。当外界气温稳定在22℃以上时,可拆除棚膜,或只留顶膜,使大棚呈天棚状,这样既可降温,又能防雨。

（2）**肥水管理。**早春茬茄子，生长前期温度较低，且定植时浇足了水，因此从定植到门茄坐果前，只要能满足茄子幼苗生长需要，应严格控制施肥浇水，以免地温下降过快。这一时期的主要农事操作为中耕、除草。加强中耕、适度控水不仅有利于提高土壤温度、保持土壤水分、改善土壤透气性，还可促进根系向纵深生长，提高吸收水肥能力。若必须浇水时，浇水量宜小，最好逐株进行浇水，以免降低地温。植株封垄以后，可不再进行中耕。

当门茄进入"瞪眼"期（嫩果突出花萼）后，开始浇水施肥，以促进果实膨大。同时，结合浇水，要每亩追施复合肥 20 千克。以后随着温度的升高和植株生长量的加大，浇水追肥次数相应增加，应根据植株的生长及外界环境状况来合理掌握。以后每层果坐住后都要进行追肥浇水。华北地区在 3 月末以前，浇水主要是逐株浇水或采取隔沟浇水，覆盖地膜的应在地膜下的暗沟进行浇水。3 月末以后，根据天气情况，浇水可在明暗沟同时进行。

进入盛果期以后，外界气温已经升高，肥水需求量较大，每 7～10 天要浇水追肥 1 次。追肥种类有尿素、硫酸铵等，每亩每次 10 千克；或氮磷钾三元素复合肥每亩每次 10 千克。各种肥料要交替使用。此外，植株生长中后期还要追施钾肥，每亩每次 10 千克，并可叶面喷施 1%尿素和 1%磷酸二氢钾的混合液。每次浇水后，要注意及时通风排湿。

（3）**整枝摘叶。**由于棚内茄子栽培密度大，且植株生长旺盛，为防止枝叶郁闭，改善通风透光条件，减轻病害发生，促进早熟，应及时摘除门茄以下主干上的所有侧枝及病、老、黄叶，对上部枝条也要进行适当疏除。一般进行双干整枝，即待四门斗茄"瞪眼"（嫩果突出花萼）后，上面仅保留生长势较强的一条侧枝让其继续生长，而将生长势较弱的另一条侧枝完全摘除或保留 2～3 片叶打顶，使每棵植株的上部仅保留 4～6 条生长势较强的侧枝，继续开花结果，并摘除门茄以下的全部侧枝，以促进茄子早熟，增加早期产量。

6. 开花期保花保果

（1）**门茄开花坐果。**从门茄开花到门茄坐果为始花坐果期，这一发育阶段约为 10 天，时间虽然较短，但却是从营养生长向果实生长过渡的重要时期，栽培管理的目标是既要防止落花，保证门茄坐住果，提高早期产量，又要促进植株健壮生长，为中后期产量打好基础。

在肥水管理上，门茄"瞪眼"期前一般不浇水施肥，以防落花落果，主要是保温控水。门茄"瞪眼"期后应结合浇水，每亩施尿素10 千克。茄子在 15℃以下和 35℃以上的温度条件下易落花，这一发育阶段主要是低温引起落花，应注意防治。这时茄子生育白天适温为 20～30℃，夜间 15～20℃，晴天白天要较长时间保持 28～30℃气温，阴天稍低些，上半夜气温保持 16～17℃、下半夜 10～13℃较好。晴天白天棚内气温超过 30℃时，要揭膜通风，以排湿、换气、降温，满足植株正常生长的环境条件，减少病害的发生，但一般不能通底风，防止大棚四周近底脚处气温、地温偏低。当夜间气温接近上述水平时，拆掉天幕，但棚外四周的围苦还要持续些日子，防止四周底脚附近夜间气温、地温偏低。尽管注意夜间保温防寒，棚内夜间气温往往还是偏低，经常在 15℃以下，甚至 10℃以下，易低温落花，或勉强坐住果，但果实不长个，长成又小又硬的果实，形成"石茄"，为非商品果实，需要及时摘除。

（2）保花保果。门茄坐果期间温度较低，茄子的花多数为不健全花，不能正常受精，往往坐不住果。可使用植物生长调节剂处理进行保花保果。

大棚茄子易发生灰霉病，该病能随蘸花、抹花传播。可在已配制好的植物生长调节剂溶液中加入 1 克腐霉利，混溶后蘸花、抹花，以杀死花上病原孢子，防止灰霉病在操作中传播。如果喷花，则不加腐霉利药剂。

7. 坐果期管理 门茄始收时，外界气温仍然较低，管理重点仍然是采取措施提高棚内温度。此时的棚温应保持在 25～30℃。晴天棚内温度较高时，要及时通风排湿，以减轻病害的发生。

结果初期，棚内一般不浇水。如果棚内干旱，影响植株生长和果实膨大时，可选晴天上午浇水，浇水后在茄子不致受冻害的情况下，要尽可能揭膜通风、排湿，减少棚内膜上水滴的凝聚，增加透光量。结果盛期，外界气温升高，天气转暖，植株需肥、需水量增多，应视天气情况，结合浇水进行追肥。每亩施尿素 15～20 千克、磷酸二铵 10～15 千克。此时期，当外界夜间最低气温达到 15℃以上时，就可打开所有的通风口，昼夜通风。

茄子从开花到果实成熟收获，25～30℃条件下需 20～25 天，且采收越晚，产量越高。但对茄坐果后，由于门茄与对茄争夺养分，如不及时采摘门茄，将会影响对茄膨大。因此，应在对茄"瞪眼"后开始膨大时采收门茄。

（二） 秋延后茬栽培关键技术

茄子秋延后栽培茬口，华北地区一般于 6 月上中旬至 7 月中旬播种，7 月中下旬至 8 月中下旬定植。南方秋延后的时间长，播种期可随地理纬度降低而推后。秋茄子育苗最好在大棚内进行，也可选择地势较高、排水良好的地块，设置遮雨棚，做成高畦育苗。但是，由于秋延后栽培时，播种育苗期正值高温雨季，育苗较为困难；且秋季适宜生长期较短，生长后期特别易于遭受低温、寒潮的影响而使得产量较低，因此本茬茄子栽培面积较小，仅在个别地区采用。但秋延后大棚茄子的上市期正赶上露地茄子拉秧，在露地茄子上市的后期供应，市场销售价格相对较高。

1. 秋延后大棚茄子栽培的特点 华北地区 8～9 月塑料大棚需要昼夜大通风，棚内外温差不明显，有利于秋延后栽培。9 月中旬至 10 月中旬，管理得当棚内可获得适宜温度，10 月下旬至 11 月下旬，棚内白天最高温度 20℃左右、夜间 3～6℃，遇到寒潮会出现霜冻。11 月下旬以后长期处于 0℃以下，不能生产。

塑料大棚内气温随外界气温变化而变化。昼夜温差大，晴天温差大于阴天，秋季增温不如春季效果好。日出以后 1～2 小时内，气温迅速上升，早晨 7～10 时上升最快，最高温度出现在中午 12 时至下午 1 时，比外界出现要早；最低温度在日出前，比外界要迟，持续时间短。下午 2～3 时棚温开始下降，平均每小时下降 2～5℃。

塑料大棚土壤温度季节变化与棚内气温不同。3 月中下旬棚内 10 厘米地温在 5～12℃，4 月中下旬 10 厘米地温在 10～25℃。6～9 月，

10厘米地温可达30℃以上。夏、秋季棚内地温比露地温度低1～3℃，露地封冻时，密闭大棚地温虽在0℃以下，但冻土层很浅，春天解冻早，回暖快。

一天内最低地温和最高地温出现时间均比气温晚2小时，地温的日变化以表土层最为明显，土层越深，变化越小。另外，大棚内湿度比较大，其变化规律是棚内温度升高时，相对湿度降低；棚温降低时，相对湿度上升。因大棚气密性强，水分不容易散失，棚内空气相对湿度通常在80%～90%，夜间温度低，通常空气相对湿度达100%。晴天和刮风天棚内相对湿度降低；阴天和雨雾天相对湿度显著上升。棚内湿度高低与气温高低有直接关系，提高温度，相对湿度可下降。棚温为5℃时，每提高1℃空气相对湿度下降5%；棚温20℃时，空气相对湿度为70%；棚温提高到30℃时，空气相对湿度可降至40%。

大棚内土壤湿度比露地、玻璃温室都高，因棚内湿度高，土壤蒸发量小，因此土壤湿度也较大。大棚内往往地面潮湿、深层缺水，在生产实践中，不要看地表，要注意浇水。

2. 播种育苗

(1) 品种选择。 秋延后茄子在夏季高温季节育苗，结果期天气寒冷，所以要选择既耐高温又较耐低温，抗病能力强、耐储藏的中晚熟品种，不宜选择大果型茄子品种，各地可根据消费习惯选择。适宜大棚秋延后栽培的茄子品种有鲁茄3号、二芭茄、六叶茄、七叶茄、湘早茄等。

(2) 播种育苗。 秋延后栽培茄子，一般在6月上中旬至7月中旬育苗。此时正值高温多雨季节，不利于茄子生长发育。因此，本茬茄子栽培成功的关键在于培育壮苗。

育苗可采用营养土育苗，或者采用基质穴盘育苗。苗床应选地势高，排灌水方便，3～5年内未种过茄科作物的地块。由于播种期气温高，育苗时间短，故只需施入少量腐熟有机肥作基肥。按每立方米床土加2～3千克有机肥，深翻整平做成畦，同时按20～30份床土加入1份药的比例，可加入敌磺钠和代森锰锌的混合药剂进行土壤消毒，以防发生苗期土传病害。苗床整平后，浇足底水。播种时按15

厘米×15厘米划方块，并将催好芽的种子放在方块中央，每方块放1～2粒种子，随即用过筛营养土盖严，盖土厚度1～1.5厘米。畦上再插小拱架，上面覆盖遮阳网或纱网以防太阳暴晒和大雨冲洗。

出苗期若床内缺水，可用喷壶洒水，禁止大水漫灌，以防土壤板结，影响幼苗出土和生长。幼苗出土后，要及时中耕、松土，以免幼苗徒长或因苗床湿度大而发病，同时应清除杂草。发现幼苗徒长，可用0.3%矮壮素溶液喷洒幼苗。如果幼苗发黄、瘦小，可用0.5%磷酸二氢钾和0.5%尿素混合液在幼苗2片叶时进行叶面追肥，促进植株健壮生长，增强抗病能力。苗期要注意防治蚜虫和白粉虱等虫害。喷肥和喷药都要在傍晚进行。

此茬茄子育苗期间温度高，幼苗生长较快，一般不进行分苗，以免伤根而引发病害。当苗龄40～50天、有5～7片真叶、70%以上植株现蕾时，即可定植。从生长季节考虑，定植期应保证在棚内出现霜冻低温前植株上至少能采收2～3层果。

3. 定植前的准备

（1）整地施基肥。 此茬茄子生育期短，总体产量不高，再加上正值高温季节，土壤微生物活动强烈，基肥可以适当少施。一般地力结合整地每亩施腐熟有机肥2 000～3 000千克、氮磷钾三元复合肥30～50千克，即可满足每亩产量3 000～4 000千克茄子对基肥的要求。

（2）扣棚和揭棚。 塑料大棚秋延后茄子栽培的扣棚时间要因地制宜，旬平均温度在20℃左右时覆膜，初扣棚时不要扣严，当外界气温下降至15℃以下时，夜间把棚封严；白天温度高时，可进行短暂通风，不使棚温过高、湿度过大。棚内气温在15℃以下时不再通风，并在四周围草苫，保温防寒，促进果实成熟。

4. 定植及温度管理

（1）定植。 北方地区此茬茄子的定植期多在7月中下旬至8月中下旬，南方地区可推迟定植。秋延后茄子栽培应选择3年以上未种过茄科作物的设施菜地，避免连茬。前茬作物采收以后要清除残株杂草，每亩用50%多菌灵可湿性粉剂2千克进行土壤消毒。

定植前1～2天苗床内浇足底水，定植时秧苗应尽量带土移栽，注意淘汰弱苗、病苗和杂苗，定植后应随即浇压根水，以防秧苗萎蔫。一般早熟品种按 40～50 厘米行距；中熟或中早熟品种按 60～80 厘米行距挖穴或开沟，株距一般为 40～50 厘米，每亩定植约 4 000 株。定植应选阴天或傍晚进行，并浇足定植水。

（2）定植后的温度管理。 定植后用遮阳网或扣薄膜昼夜通大风，雨天停止通风，以防止雨水淋入棚内。缓苗后多次中耕保墒、蹲苗，促进根系发育。随着天气渐渐变凉，要逐渐将两侧膜放下，通风量也要随之减小，缩短放风时间。当外界最低气温降到 12℃时停止通夜风，晚上要扣紧塑料薄膜，并注意白天控制温度在 25～30℃，夜间要保持 16～18℃。

进入 11 月以后，外界温度逐渐降低，为了保证棚内温度要减少放风时间和调整通风口大小。当棚内温度低于 13℃时，须在棚内张挂二道膜，大棚周围要加盖草苫以确保温度。但是草苫要早揭晚盖，白天二道膜要拉起，以保证大棚内有充足的阳光。

5. 肥水管理 扣棚后茄子植株仍然可以在适宜的环境条件下生长发育，对肥水的需求量仍然很大。门茄坐果后开始浇水，结合浇水每亩追施尿素或者复合肥 20 千克。以后每 15 天左右追 1 次肥，每次每亩追施尿素 20 千克、钾肥 10 千克。每次浇水后都要通风排湿，以减轻如白粉病、褐纹病等病害的发生，并结合喷药防治。及时喷药杀灭红蜘蛛等害虫。为了降低棚内湿度，可在行间覆盖地膜或者作物秸秆。另外，在生长后期，要依据植株生长的趋势，适时停止肥水的供应。

6. 秋延后大棚茄子植株调整 整枝打叶要依据植株的长势而定，在扣棚前就可以进行。茄子开花时要用 2，4-D 或防落素等蘸花防止落花。及时摘除下部黄叶、病叶，此茬茄子实行双干整枝，这样有利于后期植株受光。后期要进行摘心，留 3～5 个茄子打顶尖，去掉无用腋芽或侧枝，并且去除上部多余的花果，以保证植株有充足的营养向其他果实转移。

7. 采收 依据植株的生长形势，结合当地市场需求，及时采收门茄。同时，还要根据天气情况及大棚内的保温情况及时采收，避免温度过低，致使果实受损，造成不必要的经济损失。霜冻前要及时全部采收上市或进行保鲜储藏，分期上市。

（三） 秋冬茬栽培关键技术

北方秋冬茬栽培茄子是设施栽培的重要茬口，主要采用的设施是日光温室，部分地区需要具备加温功能。一般在夏季播种育苗，入冬后收摘。茄子生长前期高温、强光、多雨，不利于培育壮苗，茄苗容易徒长，且易发病；定植后温度偏高，失水较快，茄苗容易萎蔫，缓苗时间长，死苗率高；茄子结果期温度下降，光照时间缩短，光强减弱，不利于果实的生长。此期栽培技术要求高，生产风险大，茄子的生产供应量较少，但正值元旦、春节等节假日期间，市场的需求量大，价格高，效益比较好。

1. 播种育苗

（1）品种选择。秋冬茬温室茄子是在露地育苗、定植，或将露地栽培的茄子经过老株更新后转入温室栽培的。这茬茄子的生长要经历由热到冷、光照由强变弱的环境变化，天气冷凉后进行覆盖栽培，所选用的品种一般应达到以下要求：中早熟，株型偏小或中等，适合密植；植株生长势强，且长势稳定，不易徒长，结果期长，产量高；较耐低温和弱光照，成花容易，花量大，畸形花少；抗病性强，不易发生褐纹病、疫病、灰霉病及病毒病等；果实内在品质及外观质量符合当地市场要求。

茄子秋冬茬日光温室高效栽培主要选用早熟或中早熟品种，长茄类紫黑色品种，如紫阳长茄、鹰嘴长茄、941早长茄、苏长茄等；圆茄类如北京六叶茄、北京七叶茄、天津快圆茄、丰研2号；长茄类如龙茄1号、吉茄4号、天正茄1号、沈茄1号等。

（2）育苗。秋冬茬温室茄子的播种育苗期在7月中旬至8月上旬前后，此时正值高温、多雨和强光照时节，育苗床的昼夜温差小，茄苗容易徒长，形成高脚苗。同时，雨水冲刷后易发生畦面板结，苗期猝倒病、立枯病和病毒病等病害的发生率高。

为确保育成壮苗，一般采用嫁接育苗技术，使用育苗钵育苗，保护根系。播种后搭扣棚膜和遮阳网，以防雨、防风、降温、保湿，用遮阳网进行遮阳，还可避免阳光直射苗床；用塑料薄膜遮雨，可避免雨水进入茄子苗床内。茄子出苗后，要及时间苗和分苗，避免苗株拥挤，苗床要加强通风，浇水以不干不浇为原则，防止茄苗徒长，徒长苗可喷洒矮壮素等生长抑制剂，减缓茄苗的生长速度，控制肥水用量。用防虫网密封苗床，防止白粉虱等进入苗床危害茄苗，传播病害。定期施药预防病害，出苗后每周施药1次，用多菌灵、甲霜灵等交替施用。茄子分苗假植用营养钵等护根措施，以缩短定植后的缓苗期，有利于尽早生长。茄子移苗分苗后，看苗情可适当追肥，浓度宜稀不宜浓。

茄子定植期尚在高温、强光季节，不利于茄苗成活，应使用生长势强、苗体储藏养分多、发根快、抗逆性强的大苗定植。茄子的壮苗要求是：具健壮的真叶6～8片，叶厚、茎粗、棵大，根系发达，株高20厘米左右，苗茎显花蕾。

2. 定植前准备

（1）高温闷棚。 高温闷棚对于本茬茄子来说是一件非常重要的事，尤其对于连年种植的日光温室，年限越长，重茬病、根结线虫等发生越重。如果不进行有效防治，就会影响到下一季的种植，并且病虫害严重了，产量和品质也上不去。就目前的技术条件而言，在定植前的这段时间，高温闷棚是较为有效的办法。

秋冬茬温室茄子定植前一般要进行为期1周的高温闷棚，即在晴天将温室密闭，在强阳光照射下，使温度迅速升到50℃以上并保持7～10天，利用高温对日光温室进行烘烤。

高温闷棚可以对温室内的表层土壤进行高温灭菌和灭虫，促使有机肥腐熟，杀灭粪肥中的害虫。一般来说，夏秋季高温闷棚期间，棚内的最高温度可达70℃左右，在此温度下闷棚1周左右后，棚内的大部分病菌和害虫能够被杀死。在根结线虫发生严重的温室内，其他方法效果不显著，只有这个方法最好，因为根结线虫在55～58℃时8分钟就可以被杀死。高温闷棚有机肥中，特别是未腐熟的有机肥中往往携带有大量的线虫、蝇蛆等害虫，如果把粪肥直接施入地里，粪肥中的害虫容易伤害蔬菜苗的根系，造成死苗。采取高温闷棚措施，可以利用温室内的高温，加速有机肥的腐熟，同时过高的温度还能够直接灭杀掉粪肥中的大部分害虫。

高温闷棚的"三要"。一要闷前翻地。高温闷棚前，应深翻土壤25～30厘米，翻地后大水漫灌，覆盖地膜，有条件的，还可在翻地时挖沟，沟施麦糠或麦秸。若不深翻而单采用旋耕机翻地，土壤深层的病菌和线虫难以被杀灭，闷棚效果差。土壤板结、盐害严重的棚室，更宜采用该法。二要全棚密闭。全棚密闭不仅是将棚室通风口关严，还要在棚室地面上覆盖地膜。很多菜农就是因为没有覆盖地膜而使土壤温度达不到要求，导致闷棚效果大打折扣。闷棚时最好将棚室覆盖的旧薄膜去掉，换上新薄膜，以便于提高温度。但要注意新薄膜不要用压膜线固定，只将四周用泥封严即可，以备后用。三要充分闷棚。闷棚时，至少要有连续5天的晴好天气。这与全棚密闭的作用是一样的，主要是为了充分提高棚温和地温。这样，棚温可达到80℃左右，10厘米地温可达到60℃左右。

高温闷棚的"三补"，即闷棚前补粪肥助其充分腐熟、闷前补石灰氮防治根结线虫、闷后补生物菌肥增加有益菌。一补粪肥。鸡粪、猪粪等有机肥难腐熟，即使堆积半年之久也不能充分腐熟。而施用未充分腐熟的有机肥易烧根熏苗，引发病虫草害。在高温闷棚前，把鸡粪等有机肥均匀施入棚室内，在高温闷棚的同时可促进鸡粪等有机肥的充分腐熟，一举两得。具体方法：把鸡粪等有机肥均匀施入棚室内，然后用旋耕机耕地，将鸡粪和土壤混合均匀，再深翻，将鸡粪翻入25厘米左右深的耕作层中。二补石灰氮。对于根结线虫严重的棚室，可在翻地前每亩施入20～25千克石灰氮，充分利用石灰氮与水反应形成的氰胺等氢氮化合物可杀灭土壤中的根结线虫。三补生物菌肥。高温闷棚后土壤中有害病菌被消灭了，但同时土壤中的有益菌也被闷死了。因而，在高温闷棚后必须增施生物菌肥。如果不增施生物菌肥，茄苗定植后若遇病菌侵袭，则无有益菌缓冲或控制病害发展，很可能会大面积发生病害，特别是根部病害。生物菌肥在茄苗定植前按每亩用80～120千克的量均匀地施入定植穴中，以保护根际环境，增强植株的抗病能力。

高温闷棚的"三忌"。一忌闷棚时间过长。很多菜农认为闷棚时间越长，棚室内的病菌消灭得越干净。但是，很少有菜农想到，长时间的高温闷棚会严重损伤棚膜。在夏季如果高温闷棚1个月，棚膜的老化程度相当于平常使用 5 个月；如果高温闷棚一个夏季，棚膜的老化程度则相当于平常使用 1 年。因此，夏季不能无限制地高温闷棚。为减轻高温闷棚对棚膜的损伤程度，一定要控制好闷棚时间。正常情况下，秋冬茬温室茄子高温闷棚时间为 7 天左右。二忌闷棚前施生物菌肥。闷棚前翻地施基肥时，一定不要把生物菌肥一起施入。高温闷棚的目的是利用高温消毒灭菌，如果在闷棚前施入了生物菌肥，那么菌肥中的生物菌必然会在高温闷棚的过程中死亡，也就发挥不了生物菌肥应有的作用。三忌带棵闷棚。有些菜农有带棵闷棚的习惯，即将拉秧的植株留在棚室内进行高温闷棚。其原因有两个：一是刚拉秧的植株含水分较多，往棚室外运较费劲；二是菜农认为带棵闷棚能将植株上所带的病菌杀灭，减少菌源。带棵闷棚其实并不科学，在根结线虫病严重的棚室，如果不事先把植株拔出来，根结线虫病菌在地下，闷棚效果较差；拔出植株后，原先植株根系生长处的土壤处于裸露状态，这些土壤提温更快，杀灭根结线虫病菌的效果比带棵闷棚更好。

（2）整地做畦。秋冬茬茄子定植于设施内，一般覆盖地膜，茄子结果期正值冬季低温，浇水少，覆盖地膜后追肥较困难，根系老化快。定植前要施足基肥，主要肥料作基肥一次性使用，适当辅以追肥。基肥以优质的腐熟有机肥为主，以延长供肥时间，每亩可施猪牛粪 5 000～6 000 千克、饼肥 80～100 千克、氮磷钾三元复合肥 40 千克、尿素 20 千克、过磷酸钙 20 千克。有机肥的肥效较长，主要供茄子结果期，此时茄子的根系分布较深，有机肥也要深施，有机肥的60%～70%均匀撒施后深翻，将肥料混入 30 厘米深的土层中混匀，整平土地，开沟做畦，余下的 30%～40% 有机肥和饼肥、复合肥、过磷酸钙、尿素集中沟施行间，磷肥和钙肥与有机肥一起施用，可减少土壤固定，提高肥料利用率。施好沟肥后，耙平整畦，畦面上铺地膜，四周用土压牢，即可定植茄子。

秋冬茬温室茄子多采用高畦或垄畦栽培，一般不用低畦。高畦和垄畦加厚了耕层，便于覆盖地膜，排水方便，土壤透气性好，气温高，有利于根系发育；覆盖地膜后，可以进行膜下浇水，防止空气湿度过高；浇水不超过畦面，可减轻通过流水传播的病害蔓延。

北方干旱，浇水多，在配套滴灌的日光温室内，多采用高畦。高畦的畦面宽 60～80 厘米、高 10～15 厘米。畦面过高或过宽，浇水时不易渗到畦中心，容易造成畦内干旱。南方多雨地区或地下水位高、排水不良的地区，多采用深沟宽高畦，一般畦面宽 180～200 厘米、沟深 23～26 厘米、宽约 40 厘米。

垄畦底宽 50 厘米、畦背高 15 厘米。为方便棚内管理，常做成大、小垄，大垄距 80 厘米左右，沟深 15～20 厘米，主要用于行走；小垄距 60 厘米左右，沟深 10 厘米左右，主要用于浇水。

3. 定植

（1）定植密度。同其他栽培方式一样，秋冬茬温室茄子也应该确定适宜的栽植密度，以保证充足的光照条件，获取高产量，取得较好的经济效益。通常情况下，多采用大小行距栽培，大行距 80 厘米左右，小行距 60 厘米左右，株距 35～40 厘米。株型较大的品种，株行距可适当大一些，每亩栽植 2 000～2 500 株；株型较小的品种，株行距可适当小一些，每亩栽植 2 700 株左右。

（2）定植方法。秋冬茬温室茄子宜采用明水定植法，即茄苗定植时浇小水或不浇水，待定植结束后再向地面或沟内浇大水。原因是秋冬茬温室茄子茄苗定植期间温度高，光照强，茄苗失水快，需水多，只有浇大水、浇透水，才能确保缓苗期用水；同时，采用明水定植法可降低地温，避免缓苗期间因地温过高而烫伤根系，影响茄苗生长。

（3）定植时应注意的问题。

①分级栽苗。栽植前，将茄苗按大小或壮弱进行分级，同一级别的茄苗集中栽植在一个区域，便于定植后的管理。

②阴天或晴天傍晚栽苗。不宜在温度高、光照强的晴天中午栽苗，以避免茄苗萎蔫甚至死亡。

③足墒定植。温室内土壤底墒要好，以免浇水前茄苗缺水萎蔫，尤其是在远离水源、定植后不能立即浇水的情况下，更要做到足墒定植。

④适当深栽。将真叶以下的胚轴部分（脖子部分）全部埋入土中。这样做的好处：一是促进胚轴生根，扩大根群，增加吸收面积；二是防止茄苗倒伏。

⑤栽后浇透水。采用高畦或垄畦栽培时，栽后一定要浇透水，使

水渗透垄背，以免出现外湿内干现象。

⑥浇水后覆盖地膜。茄苗定植浇透水后，应立即覆盖地膜。其好处：一是降低空气湿度，减少病害；二是提高地温；三是防止土壤板结，利于根系生长和吸收；四是将有害废气阻挡在薄膜以下，避免茎叶中毒。

4. 定植后的管理

（1）定植后扣棚前的管理。日光温室秋冬茬茄子定植时棚膜尚未扣上，定植后各地都有一段或长或短的露地生长时间，这一时期正是茄子缓苗、搭丰产架的关键时期，在管理上要重点抓好以下几方面：

①浇完定植水后，抓紧搞好田间中耕，中耕时对苗坨周围进行松土。定植4～5天后，再浇1次缓苗水，然后掌握由深到浅、由近到远的原则，连续中耕2～3次，并向垄上培土，雨后也要及时松土。

②缓苗后，用多菌灵和黄腐酸混合液灌根，进一步预防黄萎病和枯萎病，叶面喷用4 000～5 000毫克/千克矮壮素或助壮素，促使壮秧早结。

③门茄开花后，喷1次亚硫酸氢钠2 500倍液（光呼吸抑制剂），门茄开放时用50毫克/千克水溶性防落素加20毫克/千克赤霉素喷1次花。

④喷用杀虫剂防治红蜘蛛、茶黄螨等害虫。

（2）扣棚时间的确定。秋冬茬温室茄子通常在7月中旬至8月上旬播种育苗，9月下旬至国庆节前定植。定植初期，外界气温可以满足植株生长，不必扣膜。10月中下旬，当日平均气温下降到20℃时开始扣棚；扣棚初期要通大风。随着外界气温的逐渐下降，通风量也逐渐变小。当外界气温达15℃左右时，夜间要闭棚。

（3）扣棚后温度管理。扣棚初期光照强，温室内白天的温度较高，在不通风时，晴天中午温室内的温度可高达50℃以上，即使通风，温度也可达35℃以上，大大高于茄苗的适宜温度范围。因此，扣棚初期要经常通风，晴天的中午要搭建遮阳网遮阳，使温室内气温保持在25～30℃。若温室内气温过高，茄苗易发生萎蔫。随着气温的降低遇到寒流天气，要及时封棚保温。温室内的气温原则上不得低于15℃，当室内温度低于15℃时，要及时加盖草苫、保温被，在前坡底部和后坡覆草苫，必要时可采用点火炉、点火盆、点火堆或电加温等方法，进行临时性补温。要定期清洁棚膜，适时揭开草苫，尽量创造有利于茄子开花结果的光照和温度条件。白天温度保持在22～30℃，夜间不低于10℃为宜。对一些保温性能差的温室还要注意防止低温冷害，防止茄子从内部开始腐烂的现象。

（4）扣棚后肥水管理。扣棚初期正值茄苗缓苗至发棵初期，也是茄苗新根群形成初期，应及时浇水，保证茄苗发棵的水分供应，习惯上称这次水为"发棵水"。具体的浇水时间、浇水量应因地制宜，并避开晴天的中午前后。如果土壤干燥，应早浇水，并逐沟浇，水量大一些；若土壤较湿润，可适当晚浇，可隔沟浇水或浇半沟水，水量小一些。晴天浇水时，应于傍晚或早晨进行。

结合浇"发棵水"，可根据地力及肥力情况，酌情进行一次施肥，这次施肥也叫"发棵肥"。对于地力较差、基肥不足的地块，追施"发棵肥"非常有必要，一般每亩可追施尿素或者水溶肥10～15千克，或冲施沼液等；而对于地力水平较高、基肥充足的地块，可以不追施"发棵肥"。此期温度较高，若肥水过大，植株容易发生徒长，影响开花和坐果。

浇足"发棵水"后，在门茄坐住前的一段时间内，适当控制肥水，保持土壤适度干燥，适当进行蹲苗，减缓茄子的生长速度，防止植株徒长。直到门茄"瞪眼"时开始追肥、浇水，每亩施尿素8～10千克。以后在每层果谢花后，均随水追肥，每次每亩施氮钾复合肥10～15千克。

（5）结果期水分管理。结果期是茄子一生中需水量最大的时期，也是浇水的关键时期。既要掌握适宜的浇水量、浇水次数，又要注意浇水的方式方法，以保证果实的正常生长，获得较高的产量。

浇水量要适宜。秋冬茬温室茄子结果期可分为3个阶段，即结果前期、结果中期和结果后期。结果前期茄子生长快，需水多，应适当多浇水，使地面一直保持湿润而不见干土；结果中期植株生长缓慢，应控制浇水量，保持地面湿润稍干；结果后期植株生长加快，需水量增加，应增加浇水，保持地面湿润不见干。

水温要适宜。茄子喜温，土壤耕层温度低于12℃时，根毛即停止生长。地温长时间低于 10℃，且土壤湿度又较高时，根系在冷湿条件下，往往会发生腐烂。因此，秋冬茬温室茄子结果期不宜浇冷凉水，最好浇温水，以保持正常的土壤温度。获取温水的方法主要有温室内预热水、太阳能预热水、地下水及工业废水等，各地可根据具体条件选择采用。在温室内预热水的方法最常用。它是在温室内建一蓄水池，池中放入足量的水，用透光性能好的塑料薄膜覆盖，利用温室内的余热及光照使水升温。待水温升高后，即可进行浇地。条件允许时，可在温室顶部安装太阳能热水器，将加温后的热水蓄存于温室内的水池中，当水温适宜时，即可用于浇地。若温室附近有深井或发电厂，也可利用深层地下水或电厂排出的热水进行浇地。

灌溉方法要合理。秋冬茬温室茄子结果期的温度低、光照弱，管理的目的是提高并保持适宜的室温、地温，降低温室内的空气湿度。传统的大水漫灌浇水方式不仅会大幅度降低地温，影响根系活动，还会使空气湿度上升，引发茄子病害。因此，秋冬茬温室茄子结果期不宜大水漫灌，宜小水勤浇、浇暗水，并在晴天上午进行。

小水勤浇就是每次的浇水量要小，以水渗到茄子根系集中分布层为宜；土壤表土干燥时，再以同样的方法浇一次小水。小水勤浇是通过增加浇水次数来满足茄子正常生长的需水要求，这不仅能够保持温室内较高的地温，也有利于降低温室内的空气湿度。

浇暗水就是浇水后地面见不到明水，地面水分蒸发少，对保持土壤温度有利，也利于保持温室内适宜的空气湿度。目前，温室内浇暗水最常用的方法是地膜下开沟浇水。在现代化水平较高的地区，温室内多配套滴灌或微喷灌溉设施，进行地膜下滴灌或微喷与施肥同时进行，实行水肥一体化技术管理。

（6）扣棚后整枝。茄子属连续的二杈分枝，每个叶腋都可以抽生侧枝，如果任其自然生长，就会枝叶丛生。而茄子叶片肥厚硕大，放任生长下的茄子植株，由于通风透光性差，不仅会造成植株徒长、养分浪费、病毒频发、果实着色不良，还会影响至连续长期结果。因此，茄子植株调整就成为取得高产的一项关键技术。茄子整枝有单干整枝、双干整枝、改良双干整枝、三干整枝、四干整枝及层梯式互控整枝等多种方法。对于秋冬茬温室茄子而言，其上市供应期主要集中在国庆至春节阶段，其主要生长期在冬季，所以其株型不宜太大，应以双干整枝、改良双干整枝、三干整枝为主，多采用双干整枝。

①双干整枝。温室茄子栽培若用中晚熟品种，其株型较高，叶片较大，植株的营养生长较旺盛，结果高峰来得较迟，生产上常用双干整枝。具体做法是：从对茄开始，留主枝和1个侧枝，每枝留1个果，每层共留2个茄子。在主枝和1个侧枝上循环交替各留1个茄子，每层共结2个茄子。当植株长到5层果时（满天星茄），及时在2个枝干的顶部留心叶2～3片摘心，并将顶部生长点全部摘掉，其余侧枝和植株上的病叶、老叶一并清除干净。

②改良双干整枝。在生产实践中，菜农根据现行的双干整枝法，总结出一种新的整枝方法——改良双干整枝法。这种整枝法可以充分利用温室内的温、光资源，使植株早结果、多结果，提高茄子早期产量，增加经济效益。具体做法是：在植株采用双干整枝时，选留门茄下的第一个侧枝结果，该侧枝着果后，在果前留2片叶摘心，门茄以上按双干整枝的方法整枝，其结果格局是1-1-2-2-2-2。

③三干整枝。是在门茄出现后，除保留主茎外，把门茄下的第一、第二个侧枝也保留下来，主茎加两个侧枝共3个枝结果，其余全部抹掉。坐果后，每枝仍选留1个枝继续结果，其余全部抹除，每层只结3个果。这样一直坚持下去，直到"满天星"作为最后1个果，在其上部留1～3片叶摘心。其结果格局是3-3-3-3-3，每株结果15个。这种整枝方式适宜于植株矮小、叶片细长、果实中等大小、栽植密度较大的早熟品种。

茄子整枝过程通常要通过打侧枝、摘老叶、抹杈、摘心、吊枝等手法来完成。这些操作虽然简单，但仍需要讲究一定的技法，才能达到预期目的。整枝不宜过早，与露地茄子相比，温室内土质疏松、土壤湿度大，茄子茎叶生长快，根系入土较浅，扩展范围也较小。应通过适当晚整枝来诱导根系向土壤深层扩展，形成强大根系，提高根系吸收功能。一般情况下，应在侧枝长度达到10～15厘米时抹除为宜。抹杈要在晴暖天的上午进行，而不在阴天和傍晚抹杈，避免伤口不能及时愈合，感染病菌，引发病害。条件允许情况下，使用专用的修枝剪或快刀将侧枝剪掉或切除，不要硬折硬劈造成过大伤口甚至拉伤茎干。不要紧贴枝干基部抹杈，一是避免伤口感染后直接感染枝干，二是避免在枝干上留下疤痕，影响植株内的养分流动。一般以保留1厘米左右的短茬为宜。不伤茎叶、不漏掉需抹除枝杈，抹杈要勤、要细致，一般3～5天抹杈1次，不留死角；并注意动作要轻，不损伤茎叶。在枝干顶到棚膜前，或拔秧前1个月左右，选择晴暖天的上午，在花蕾上保留1～2片叶摘心，促使营养流向果实，既可防止植株过高生长、避免植株郁闭，又可提高果实产量质量。

在对茄收获后，要及时吊枝，方法是：在垄的上方拉一道铁丝，然后将尼龙细绳线的上端系到铁丝上，下端系到侧枝的基部，每个侧枝一根绳，随着植株的生长不断地向上缠绕。其好处：一是结果枝干分布均匀，保持温室内良好的透光性；二是让枝条向上生长，避免坐果后果实将枝条压弯。吊枝时，宜在晴暖天午后进行，吊绳及绳扣不要太紧，并定期松动绳扣，防止枝干变粗后绳扣勒进枝干内，影响植株生长与结果，甚至勒断枝干。

（7）保花保果。秋冬茬栽培的茄子，开花期温度下降，必须对生长健壮、发育良好的植株上所开的茄子花朵涂30～40毫克/千克2，4-D溶液，或喷40～50毫克/千克的防落素溶液，以促进茄子开花坐果。2，4-D处理在低温下坐果率比防落素高，但防落素处理的畸形果比2，4-D少。

植物生长调节剂处理一般在茄子始花期进行，应见花就涂或喷，盛花期因花数增多，可每周处理2～3次。为促进坐果与果实生长，促进茄子早熟和提高产量，改善品质，还可每隔10～15天喷1次0.1毫克/千克芸薹素内酯，以便确保茄子坐果。

茄子果实的颜色转变需要充足的光照来刺激或诱导，秋冬茬设施栽培的茄子由于冬季光照相对较弱，温度偏低，日光温室种植密度大，遮光严重，营养不良，影响果实着色，容易出现杂色，特别是对植株下部的果实着色影响较大。因此，冬季设施栽培茄子，种植密度不宜过大，要及时整枝摘叶，调整株型，及时追肥，增加保温措施，选用新薄膜覆盖有利增进茄子的着色，一般淡蓝色新薄膜的透光率为90%，而一年后的旧薄膜透光率仅为50%～60%。定期清除覆盖物上的灰尘、积雪、水珠等，保持膜面清洁、平紧，避免薄膜起皱而反射光增加，有条件的可在地面铺盖反光膜，日光温室后墙张挂反光膜或人工补光。

（8）病虫害防治。 茄子幼苗期要注重防病，结果后期注重治虫。茄子的主要病害有灰霉病、褐纹病和绵疫病，可用腐霉利、百菌清烟剂，按 0.3 克/米^2 用药，有较好的防治效果；还可与代森锰锌可湿性粉剂交替使用。红蜘蛛是茄子生长后期的主要害虫，可用哒螨灵，防治效果较好。要以防为主，早防早治，药剂要安全使用。

5. 采收 为提高茄子的经济效益，在始收期商品果可以稍带嫩采收，适期早采门茄和对茄，既可早上市卖好价，又可防止果实与植株上层果生长时争夺养分。茄子始收后，一般 7～10 天采收一次，到盛果期 3～5 天采收一次，尤其是连续结果性强的早熟品种，盛果期可 2～3 天采收一次。茄子果实的采收应在早晨，用剪刀剪断果柄，避免损伤植株。

（四）日光温室冬春茬茄子栽培技术

日光温室冬春茬茄子一般是在 10 月下旬到 11 月初播种育苗，苗龄 80～100 天，翌年 1 月下旬到 2 月上旬定植，3 月中旬始收，持续到 6 月结束。但是在一些温光条件好的冬用型日光温室，也有在 9 月下旬播种育苗，12 月上中旬定植，翌年 2 月上中旬开始采收的。冬春茬是北方地区解决早春和初夏市场供应的最重要茬口，可以在堵"春缺"栽培中发挥较大作用，并可使茄子取得较高的经济效益。

1. 播种育苗

（1）品种选择。 生产者可根据当地的需要选择抗病、耐低温、耐弱光、植株开张度较小、果实发育快、坐果率高的早熟或中早熟品种。目前认为较好的是：圆茄类，如北京六叶茄、北京七叶茄、天津快圆茄、丰研 2 号、豫茄 2 号等；长茄类，如龙茄 1 号、吉茄 4 号、天正茄 1 号、沈茄 1 号、黑亮早茄 1 号、湘茄 3 号、粤茄 1 号、紫红茄 1 号等。

（2）育苗。 冬春茬茄子的育苗应选择在地势高、干燥、排灌方便、通风好的地方，备有遮阳网、防雨棚，以保证茄苗不被强光暴晒，遮雨防徒长。有条件的可在防虫网室中进行育苗。

　　建议采用穴盘育苗，购买商品蔬菜育苗基质，或者自行混配基质，采用2份草炭＋1份蛭石＋1份珍珠岩，充分混匀。采用50孔或者72孔穴盘进行育苗。生产上也常见采用营养土育苗的。用未种过茄科作物的50％肥沃园田土＋腐熟有机肥40％＋过筛细炉渣10％，每立方米营养土中加入过磷酸钙1千克、草木灰5～10千克、尿素0.3～0.5千克、50％多菌灵可湿性粉剂150克充分混拌均匀。用塑料薄膜盖严后，密封5～6天进行高温灭菌消毒。揭膜2～3天后装入育苗盘中。

视频1　基质配置　　视频2　装填穴盘　　视频3　浇水

视频4　播种　　视频5　覆土　　视频6　覆地膜

　　本茬茄子提倡嫁接育苗，以增强植株抗土传病害的能力及抗低温弱光能力。砧木选用根系发达、高抗黄萎病、耐低温的托鲁巴姆。一般9月下旬播种，先播砧木，20～25天后播接穗，11月下旬至12月上旬定植。

　　在日光温室内育苗，一般采用地膜覆盖温床育苗。播种到出苗期间主要保证10厘米地温在20℃以上，至少18℃，否则低温潮湿易发生猝倒病，出苗又很缓慢，甚至不出苗。种芽大部分顶土时，及时揭去地膜，防止烤伤幼苗。出苗后，白天温度保持20～25℃、夜间16～17℃，不能低于15℃。适时移苗，当秧苗1叶1心或2叶1心时，移栽到（10～15）厘米×（10～15）厘米的营养钵中，营养土同播种时的土配比处理均相同。将营养钵摆放整齐浇透水：移苗宜选晴天进行，利于缓苗。移苗后白天保持 28～30℃、夜间 18～20℃；缓苗后适当通风，白天 20～25℃、夜间 15～18℃。茄子苗不喜欢空气潮湿，应尽量减少浇水次数，但每次浇水都要浇透，保持苗钵不干旱。

嫁接前为促进秧苗健壮生长，可以进行 1 次叶面喷肥，一般喷施 0.2％尿素＋0.3％磷酸二氢钾混合液。嫁接前 2 天进行 1 次保护性喷药，喷淋并使药液顺流入土壤中，预防茄子黄萎病、枯萎病。当砧木长到 5～6 片真叶，株高 10 厘米以上，茎粗 0.3～0.4 厘米，接穗 3～4 片真叶时即可嫁接。一般茄子的嫁接方法经常采用劈接法。定植 15 天前开始炼苗。

2. 整地定植

（1）整地。日光温室冬春茬茄子栽植前要整地并消毒，再适时定植。翻地施肥后耙平地面，按行距 60 厘米起垄，垄高 10～15 厘米，采用滴灌的垄可高起，采用沟灌的垄不可起太高，以 10 厘米左右为宜。因为冬季温度低，不能大水漫灌，避免因浇水而使地温降低。如果垄过高，水浇不透，易使植株缺水而早衰。这也是日光温室越冬茬、冬春茬、秋冬茬提倡地膜覆盖及滴灌的原因。

（2）定植。当接穗苗龄 90 天左右时，日光温室冬春茬茄子定植。外界气温较低，但温室内 10 厘米地温稳定在 15℃以上，选晴暖天气按株距 30～40 厘米在垄上开沟定植。30 厘米株距到结果盛期实行减株的办法，隔株减掉一株，加大间距，增加营养面积的同时利于通风透光，减株不减产。

定植时可将营养钵苗轻轻倒出，摆在开沟处，然后将苗坨埋严，浇水。浇水时，最好使用提前在贮水箱中贮存的水，如果没有贮水就不要开沟定植，以免井水凉降低地温而要刨穴定植。用井水时，先浇穴水，当穴水渗下一半时，将苗坨栽好，当水全部渗下后封穴。全棚定植后再整理垄面，在垄上铺设滴灌塑料软管，然后双垄上覆盖地膜，搭建成类似小拱棚形状。不具备滴灌条件的可实行膜下沟灌。膜下浇水既可以满足茄子生长发育对水分的需要，又可以控制灌水蒸发而增加空气湿度，有利于防病且成本低。

采用地膜覆盖、膜下灌水的茄子，定植后盛果前一般只浇膜下沟，即暗沟。盛果期以后则暗沟、明沟一起浇，或交替浇水。注意嫁接刀口的位置要高于垄面一定距离，以防接穗扎根受到二次侵染致病。

3. 定植后的管理

（1）定植初期的管理。 定植初期基本不通风，尽可能采取增温措施。日光温室后墙可以张挂聚酯镀铝膜反光幕，既可增加光照强度又可增加温度，也可扣小拱棚。使温室内气温白天 30℃ 左右，夜间 15～20℃。中午温度超过 32℃ 时，可开顶窗短时通风。不透明覆盖物早揭晚盖，并要经常保持温室前屋面的清洁。如果夜间低于 15℃ 可考虑增设天幕，加纸被等多层覆盖。

当秧苗心叶吐绿时表明秧苗已成活，缓苗后白天气温稍低些，晴天保持 20～30℃，夜间最低温度仍要保持 13℃ 以上，此时覆膜的可以进行一次培土保墒，未覆膜的要浇 1 次缓苗水，稍干后深铲浅培土。

（2）肥水管理。 定植后的肥水管理一般分为开花结果期和盛果期两个阶段。

开花结果时期，门茄"瞪眼"期时马上进行追肥浇水，浇水要在晴天上午进行。膜下浇水，结合浇水每亩追尿素 10 千克、硫酸钾 7.5 千克、磷酸二铵 5 千克，混合穴施。先施肥后浇水。开花坐果后应进行二氧化碳施肥。浇水后一定要将温室密闭 1～2 小时，当室内感觉热气扑面时，将顶部通风窗打开放风排湿。如果不是采用贮水池贮存的水浇水，可隔沟浇水，防止降低地温。茄子栽培时外界气温低，可以揭开地膜进行培土扶垄，适当加高、加宽垄面，培土后重新盖好地膜，这样既可以促进茄苗根系发展，又可以中耕保墒。未盖地膜的更应进行培土保墒，避免浇水过多影响地温，造成徒长或落花落果。

盛果期为了促进果实迅速膨大，增加产量，要进一步加强肥水的供应。10 天左右浇一次水，隔一次水追施一次肥，一次有机肥，一次尿素，有机肥可揭膜开沟施或穴施，然后盖好地膜，施肥后浇水，化肥可随水冲施。浇水后要密闭大棚 1～2 小时增温，使湿气上升。然后短时间通顶风排湿。浇水一定选在晴天上午进行，并坚持施用二氧化碳气肥。

(3) 温度管理。 开花结果期白天极少放风。白天温度保持在25～28℃，25℃以上温度保持 5～6 小时，当温室温度超过 30℃时打开天窗通风降湿。夜间 16～20℃，最低不能低于 12℃。

盛果期对茄坐果后室外仍处严寒，一般情况下白天不通风。白天温度保持在 25～30℃，夜间 15～20℃，昼夜温差以 10℃为宜。

遇到灾害性天气，应充分利用各种可行的增温、保温措施，尽量使室内最低温不低于 8℃。当室内温度降到 5℃时，要采取人工加温措施，否则会发生冻害。

(4) 光照管理。 茄子对光照的要求比较高，冬春茬栽培，光照条件很难满足茄子正常生长的需要。因此，在条件允许的情况下，覆盖物尽量早揭晚盖。即使阴天，也要揭开草苫或保温被，利用太阳散射光。天气寒冷时，也要适当揭开草苫见光。持续雨雪天过后突然转晴，不可一下子把草苫都揭开，应分批进行。每天擦净棚膜表面灰尘，降雪时要随时清扫。使温室内日照时间不低于 7 小时，光照度达到 40klx。

(5) 植株调整。 日光温室茄子密植的可采用门茄 1 个果，对茄双干 2 个果，四门斗三干 3 个果，八面风 4 个果整枝。密植时，当对茄坐果后，隔株对茄留 2～3 片真叶摘心，当对茄收获后用剪刀贴地面剪除一株。大距离定植的，可采用双干整枝。无论采用哪种整枝方式，一定要及时将多余的侧枝、侧芽摘除，老叶、病叶、黄叶也要摘除，减少植株多余的消耗，更有利于通风透光，促进果实发育。

当门茄坐果后及时吊蔓绑枝，吊蔓绑枝一般在晴天午后进行，此时植株枝干水分消耗很多，枝条变得较柔软，绑蔓时动作再轻些，就不会碰折枝干。如果要进行换头栽培的，在四门斗坐果后在四门斗果枝上部留 2～3 片真叶进行摘心，使营养集中供应果实，促进果实膨大。不进行换头栽培的，在四门斗果坐住后在八面风干位上留 4 个强壮枝，其余侧枝、侧芽摘除。

(6) 采收。 果实要适时早摘，以增加产量、提高产值。

05

五、主要病虫害及防治技术

　　茄子的病虫防治技术是农事管理的重要内容。对于茄子的病虫害，采取预防为主、综合防治的方针，以农业防治为主、药剂防治为辅，对减少药剂投入，降低生产成本，增加产品品质，保护环境，以及对人们的身体健康都有积极意义。

　　茄子综合防治措施主要包括：①选择抗病性和抗逆性强、产量高的优良品种；②播种前对种子进行消毒，对床土进行药剂处理；③培育适龄壮苗；④实行4～5年以上轮作，或水旱轮作；⑤进行茄子嫁接育苗；⑥定植前，对大棚、日光温室等设施及其骨架进行熏烟消毒，必要时进行土壤消毒；⑦推行测土配方施肥、生物菌肥或水溶性肥、水肥一体化等环境友好型肥料和施肥技术；⑧按照茄子生长发育特性结合设施类型进行科学的栽培管理，如加强通风、降低湿度、冬季低温期膜下暗灌，有条件的采取滴灌、渗灌；⑨强化植株调整，温室生产多采用双干整枝，保证通风、透光；⑩做好病虫害快速诊断工作，发现中心病株要及时对症喷药，以防蔓延。

　　茄子生理性病害由非生物因素即不适宜的环境条件引起，这类病害没有病原物的侵染，不能在植物个体间互相传染，没有侵染过程，又称为非侵染性病害。非侵染性病害的非生物因素有营养物质的缺乏或过多，水分供应失调（旱害或涝灾），温度的过高或过低（日烧或冻害），日照的不足或过强，气、水、土壤中有毒物质的毒害，农药的药害等。侵染性病害是由生物因素引起的病害，能互相传染，有侵染过程，又称为传染性病害。传染性病害的病原生物有真菌、细菌、病毒（含类病毒）、类菌原体、线虫和寄生性种子植物等多种。传染性病害必须要病原、感病植物、环境条件三者均具有时才能发生。只有找对病因，才能对症治疗。本部分从症状、病因和防治技术三方面对生产上常见的茄子病害进行介绍,简单实用;虫害从学名、形态特征、生活习性、防治技术等方面进行介绍,先识别虫害,了解习性,再针对性防治。

(一) 生理性病害及其防治技术

1. 茄子沤根

症状:根部不产生新根和不定根,根皮呈铁锈色,而后腐烂,地上部萎蔫易拔起,叶片黄化、枯焦。

病因:地温低于12℃持续时间较长,且浇水过量或遇连阴雨天,苗床温度过低、幼苗萎蔫、萎蔫持续时间长等,均易发生沤根。

防治技术:①加强苗期温度管理,利用电热温床或酿热温床育苗,保证苗床温度在16℃以上,不能低于12℃。②避免苗床过湿,采用滴灌浇水,正确掌握揭膜、放风时间及通风量。③发现茄子幼苗沤根后覆盖干土或用小耙松土,降低土壤湿度。定植早期也会发生沤根,这多是定植过早、地温过低、浇水过多造成的。

2. 茄子畸形果

症状:畸形果各式各样,田间经常见到的畸形果有扁平果、弯曲果等。形成畸形果的花器往往也畸形,子房形状不正。

病因:畸形果发生的主要原因是在花芽分化及花芽发育时,灌水过量,或氮肥过多,或花芽分化时期缺肥缺水,苗期遇到长期低温光照天气均易导致花芽分化不正常而产生畸形果;坐果期激素使用不当也易产生畸形果。

防治技术:①选择耐低温、弱光性强的品种栽培。②加强温度管理:幼苗花芽分化期,注意保持温度变化不可过大,遇有连续阴雨天注意保温,必要时进行加温。③加强水肥管理:合理施肥,不可偏施氮肥,适时适量浇水。合理使用坐果激素,不可随意加大用药量。

3. 茄子裂果

症状:茄子裂果常常纵裂,开裂部位一般始于花萼下端,危害较重。

病因：裂果产生的原因主要是温度低或氮肥施用过量，浇水过多致生长点营养过剩，造成花芽分化和发育不充分而形成多心皮的果实或雄蕊基部分开而发育成裂果。此外，在露地栽培条件下，白天高温、干旱，突然浇水过多或遇到大雨，植株迅速吸水，使果肉迅速膨大，果皮发育速度跟不上果肉膨大速度而将果皮胀裂。在棚室条件下，棚室中加热炉燃料燃烧不充分，产生一氧化碳，致果实膨大受抑制，这时浇水过量就会产生裂果。激素使用不当也容易产生裂果。

防治技术：①茄子育苗选择肥料充足肥沃的土壤，控制地温不低于20℃，后期防止高温多湿，保持土壤湿润，培育壮苗；苗子长到1叶1心时移植，使其在花芽分化前缓苗，使花芽分化充分。②水肥管理：深翻地，增施有机肥，使根系健壮生长；合理浇水，避免水分的忽干忽湿，应特别防止久旱后浇水过多；露地栽培时，注意灌水，避免突然下雨时土壤湿度剧烈变化，雨后及时排水。③合理使用激素。

4. 茄子果实着色不良

症状：着色不良的茄子果实为淡紫色至黄紫色，个别果实甚至接近绿色。茄子着色不良分为整个果皮颜色变浅和斑驳状着色不良两种类型。在设施栽培中多发生半面色浅的着色不良果。

病因：茄子果实着色受光照影响较大。坐果后如果花瓣还附着在果实上，则不见光的地方着色不良，果面颜色斑驳。植株冠层内侧的果实，因叶片遮光而形成半面着色的不良果。

防治技术：①提高设施薄膜紫外线透光率：紫外线是影响茄子着色的重要因素，应选用紫外线透过率较高的专用薄膜。②加强栽培管理：注意栽植密度、整枝方法、摘叶程度，必须让果实充分照光。保证坐果节位下有3片真叶，侧枝及时摘心。适度摘叶。坐果后及时摘除花瓣能预防灰霉病发生，促进果实着色。

（二） 传染性病害及其防治技术

1. 茄子绵疫病

症状：幼苗期叶片发病同成株期叶片发病症状。茎基部呈水浸状，发展很快，常引发猝倒，致使幼苗枯死。成株期叶片感病，产生水渍状不规则病斑，具有轮纹，褐色或紫褐色，潮湿时病斑上长出少量白霉。茎部受害呈水浸状缢缩，有时折断，并长有白霉。果实受害最重，开始出现水浸状圆形斑点，稍凹陷，黑褐色。病部果肉呈黑褐色腐烂状，在高湿条件下病部表面长有白色絮状菌丝，病果易脱落或干瘪收缩成僵果。

病原：寄生疫霉 *Phytophthora parasitica* Dast.，属卵菌门疫霉属真菌。

防治技术：选用抗病品种：如湘茄 4 号、杂圆茄 1 号等。种子消毒：用 55℃温水浸种 15 分钟，或 50℃温水浸种 30 分钟。或用福尔马林 300 倍液浸种 15 分钟后，用清水洗净后播种。农业防治：与非茄果类、非瓜类蔬菜轮作 3 年以上；选择高低适中、排灌方便的田块种植；合理密植，改善通风条件；及时中耕、整枝、摘除病果、病叶；施足腐熟的有机肥，增施磷、钾肥。化学防治：幼苗期选用75％百菌清 600 倍液，或 40％乙膦铝 200 倍液，或 65％代森锌 500倍液喷洒保护，7 天左右喷一次，连续喷 2～3 次；定植时用 70％甲基硫菌灵，或 75％敌克松 1：100 配成药土，每亩穴施药土 80～100千克；在结果期，特别是雨季前要喷药防治病害发生，发病初期应立即拔除病株烧毁并喷药保护，药剂用 58％甲霜锰锌 500 倍液，或72％霜脲锰锌 600 倍液，或 69％安克锰锌 800 倍液喷雾，效果好，7～10 天防治 1 次，视病情防治 3～4 次，为防止产生抗药性，采用不用种类药剂交替使用。

2. 茄子褐纹病

症状：幼苗受害，茎基部出现凹陷褐色病斑，上面产生黑色小粒点，导致幼苗猝倒，大苗立枯。成株期受害，先在下部叶片上出现苍白色圆形斑点，而后扩大为近圆形，边缘褐色，中间浅褐色或灰白色，有轮纹，后期病斑上轮生大量小黑点。茎部产生水渍状梭形病斑，其上散生小黑点，后期表皮开裂，露出木质部，易折断。果实表面产生椭圆形凹陷斑，深褐色，并不断扩大，其上布满同心轮纹状排列的小黑点，天气潮湿时病果极易腐烂，病果脱落或干腐。

病原：无形态为茄褐纹拟茎点霉 *Phomopsis vexans*（Sacc. et

Syd) Harter，属半知菌拟茎点霉属；有性态为茄褐纹间座壳 *Dia-porthe vexans*（Sacc. et Syd）Gratz，属子囊菌门间座壳属。

防治技术：选用抗病品种：可选用长茄中的白皮茄、绿皮茄、北京线茄、山东早产丰等品种。选用无病种子和种子消毒：从无病田或无病株上采种；种子消毒可用 55℃温水浸种 15 分钟或 50℃温水浸种 30 分钟，取出后立即用冷水冷却，催芽、播种；也可用多菌灵、福尔马林等药剂处理种子。轮作和栽培管理：实行 3 年以上轮作，避免与茄科蔬菜连作。旧苗床土壤用福尔马林、多菌灵等药剂处理，新苗床选用无病净土、不重茬。采取深沟高畦，降低田间湿度。施足底肥，增施磷、钾肥。合理密植，及时疏叶整枝，提高通风透气性。茄子生育后期，采取小水勤灌，雨后及时排水。药剂防治：播种时用 50％多菌灵 10 克/米² 拌细土 2 千克制成药土，取 1/3 撒在畦面上后播种，其余药土覆盖在种子上面。幼苗期发病，喷施 60％福美锌 500 倍液，或 50％克菌丹 500 倍液，隔 5～7 天喷一次。定植后在基部周围地面上，撒施草木灰或熟石灰粉，以减轻茎基部侵染。成株期特别是结果的雨后，喷施 65％万霉灵 500～800 倍液，或 40％氟硅唑 5 000～6 000 倍液，或 58％甲霜灵•锰锌 500 倍液，或 70％乙膦•锰锌 500 倍液，隔 10 天喷一次，连续 2～3 次。

3. 茄子黄萎病

症状：茄子黄萎病苗期发病少，多在门茄开花坐果后发病最重。多自下而上或从一侧向全株发展。发病初期叶片边缘和叶脉间褪绿变黄，逐渐发展到全叶。晴天的中午病叶失水萎蔫，下午或夜间恢复正常，随着病情的发展不能恢复正常，病叶由黄变褐，严重时病叶萎垂脱落。茎部维管束变为褐色，有时全株发病，有时半边发病，植株明显矮化。

病原：目前报道茄子黄萎病的病原有 3 种真菌：大丽轮枝孢 *Verticillium dahlia* Kleb.、黑白轮枝孢 *Verticillium albo-atrum* Reinke et Berth. 和变黑轮枝孢 *Verticillium nigrescens* Pethybr.，均属半知菌类轮枝孢属。

防治技术：选用抗病耐病品种：如长茄 1 号、湘茄 4 号、辽茄 3 号、京茄 2 号等。无病采种及种子处理：抓好无病田或无病株留种，

严禁从病区引种，引入种子做好种子处理，播种前用 55℃温水浸种
15 分钟，冷水冷却后催芽、播种，或用代森锰锌、百菌清等进行种
子处理。轮作和栽培管理：旱茬轮作以 4～5 年为宜，避开其他茄科
及瓜类茬口。水旱轮作 1 年即可有效控制病害。选用净土、净肥或无
病营养土育苗，或每平方米苗床用 50%多菌灵 8～10 克加 5～6 千克
半干细土拌匀，均匀撒于苗床后耙入土中，浇水后覆盖地膜，10 天
后播种。实施定植，在 10 厘米深处地温 15℃以上开始定植，选择晴
天合理灌溉，注意提高地温，茄子生长期间宜勤浇小水，保持地面湿
润。雨后或灌水后及时中耕。门茄采收后，开始追肥或喷施叶面宝、
植保素等。嫁接防病和施用恩益碧（NEB）菌根：选用抗病砧木，
如赤茄和托鲁巴姆等嫁接防病。NEB 作营养强化平衡剂，增加作物
根系，从而提高营养和水分吸收能力。药剂防治：定植穴内施 1∶50
的福美双、代森锰锌或五氯硝基苯药土，每公顷用药 7.5～11.25 千
克（有效成分）。发病初期喷洒硝基黄腐酸盐，或用五氯硝基苯等药
液灌根，每株 0.5 千克，可防病增产。结果期，可用 50%多菌灵可
湿性粉剂 800～1 000 倍液＋50%福美双可湿性粉剂 800～1 000 倍液，
或 80%乙蒜素乳油 1 000 倍液，或 50%苯菌灵可湿性粉剂 1 000～
1 500倍液进行对水灌根，每株灌兑好的药液 100 毫升，视病情 5～7
天防治 1 次。发病后及时拔除病株烧毁，并撒上石灰，防止再侵染
危害。

4. 茄子灰霉病

症状：主要发生于成株期，花、叶片、茎枝和果实均可受害，尤
其以门茄和对茄受害最重。在花器和果实上产生水渍状褐色病斑，扩
大后呈暗褐色，凹陷腐烂，表面产生不规则轮纹状的灰色霉层。叶片
发病，多在叶面或边缘产生近圆形至不规则形或 V 形病斑，斑上有
褐色与浅褐色相间轮纹型病斑，湿度大时病斑上密布灰色霉层。发病
后期，病斑连片，致使整个叶片干枯。茎染病，初生水渍状不规则病
斑，灰白色或褐色，病斑可绕茎枝一周，其上部枝叶萎蔫枯死，病部
表面密生灰白色霉状物。花器受害后萎蔫枯死，湿度大时均生稀疏至
密集的灰色或灰褐色霉。果实发病，蒂部残存花瓣或脐部残留柱头首
先被侵染，并向果面或果柄扩展，可导致幼果软腐，最后果实脱落或

失水僵化，湿度大时均生稀疏至密集的灰色或灰褐色霉。

病原：灰葡萄孢 *Botrytis cinerea*，属半知菌类葡萄孢属。

防治技术：选用抗病品种：选用耐低温弱光茄子品种，如黑美长茄、京茄 1 号、春晓、紫龙 3 号等。种子消毒：用 1％福尔马林水溶液，将种子浸泡 20 分钟，捞出后用湿布包裹放入密闭容器中，闷20～30 分钟再用清水将种子淘洗干净，然后浸种、催芽。农业防治：重病田实行稻茄轮作，轮作期 3 年以上。增施腐熟的有机肥，实行配方施肥，重视磷、钾肥的施用。采用高垄栽培，覆盖地膜，以降低温室及大田湿度。苗期浇水宜选择晴天的傍晚进行，避免在阴雨天浇水，浇水时可结合施肥。合理密植，适时中耕除草，及时整枝摘叶，调整株型，改善通风透光条件，降低湿度。注意清洁田园，当灰霉病有零星发生时，及时摘除病果、病叶，带出田外或温室大棚外集中做深埋处理。药剂防治：播种前苗床用 55％敌克松 10 克/米² 加水稀释成 800 倍液，浇透畦面。在起苗定植前，用 3％绿亨育苗壮 500 倍液浇淋茄子苗，带药下田，定苗前一周，每平方米用硫黄 4 克加 80％敌敌畏 0.1 克和锯末 8 克，混匀后点燃密闭一个昼夜，杀灭病原。在茄子生长前期，每亩用 10％腐霉利 200～250 克，分点布放，于傍晚用暗火点燃后立即盖膜密闭烟熏一夜，次日早晨揭膜通风。茄子开花后，每隔 8～10 天，每亩用 45％百菌清或 15％速克灵 50 克，于傍晚熏蒸，连续 4～5 次。发病初期用 50％速克灵 1 500 倍液，或 0.2％武夷菌素 100 倍液喷雾。

5. 茄子白粉病

症状：主要危害叶片，多从植株中下部叶片开始发病。发病初期，叶面出现不定形褪绿小黄斑，后叶面出现不定形白色小霉斑，边缘界限不明晰，霉斑近乎放射状扩展。随着病情的进一步发展，霉斑数量增多，斑面上粉状物日益明显而呈白粉斑，粉斑相互连合成白粉状斑块，严重时叶片正反面均可被粉状物所覆盖，外观好像被撒上一薄层面粉。

病原：单丝壳白粉菌 *Sphaerotheca fuliginea*，属子囊菌门白粉菌目单丝壳属。

防治技术：农业防治：选用抗病品种，如紫红茄子、紫云、杭州红茄、园杂 5 号等优良品种。加强田间管理：和非茄科作物实行 3 年以上轮作，降低土壤中菌源基数；合理密植，及时整枝打杈、绑蔓；坐果后适度摘除植株下部老叶、病叶，改善田间通风透光。肥水管理：重点控制温湿度，增加光照，预防高温低湿；选择晴天上午浇水，避免浇水后出现阴雨天，发病后适当控制浇水量；苗期浇小水，定植时灌透，开花前不浇，开花时轻浇，结果后重浇，浇水后立即排湿，保证叶面尽量不结露；增施充分腐熟的有机肥，避免过量施用氮肥，增施磷钾肥，防止徒长；及时追肥，并进行叶面喷肥。化学防治：发病前可选用 50% 硫黄悬浮剂 500 倍液、75% 百菌清可湿性粉剂 500～600 倍液、70% 代森锰锌可湿性粉剂 500～600 倍液喷雾预防；发病初期可选用 15% 三唑酮乳油 800 倍液、12.5% 腈菌唑乳油 2 000～3 000 倍液、2% 武夷菌素水剂 300 倍液、62.25% 腈菌唑·代森锰锌可湿性粉剂 600～700 倍液、20% 福·腈可湿性粉剂 1 000～2 000 倍液＋75% 百菌清可湿性粉剂 600～800 倍液等药剂进行喷雾防治，每隔 5～7 天喷一次，连续 2～3 次。保护地还可采用烟雾法或粉尘法防治，即使用硫黄熏烟消毒。定植前密闭棚室，每 100 米³ 用硫黄粉 250 克、锯末 500 克，掺匀后装入小塑料袋，分放在室内，于晚上点燃熏一夜。

（三） 虫害及其防治技术

1. 茄二十八星瓢虫

学名：*Henosepilachna vigintioctopunctata*（Fabricius），鞘翅目瓢虫科，又称酸浆瓢虫。危害茄子、马铃薯、番茄、青椒等茄科蔬菜及葫芦科蔬菜，以茄子为主。

形态特征：成虫：体长 6 毫米，半球形，赤褐色，体表密生黄褐色细毛。前胸背板前缘凹陷，中央有一较大的剑状斑纹，两侧各有 2 个黑色小斑（有时合成一个）。两鞘翅上各有 14 个黑斑，鞘翅基部 3 个黑斑，后方的 4 个黑斑不在一条直线上。两鞘翅会合处的黑斑不相互接触。蛹：椭圆形，淡黄色，背面有稀疏细毛及黑色斑纹。幼虫：体淡黄褐色，长椭圆状，背面隆起，各节具黑色枝刺。卵：长约 1.2

毫米，纵立，鲜黄色，有纵纹。

生活习性：分布中国东部地区，但以长江以南发生为多。在华北一年发生2代，江南地区4代。每年以5月发生数量最多，危害最重。成虫白天活动，午前多在叶背取食，下午后转向叶面取食，有假死性和自残性。雌成虫将卵块产于叶背。初孵幼虫群集危害，2龄后分散危害。老熟幼虫在原处或枯叶中化蛹。卵期5～6天，幼虫期15～25天，蛹期4～15天，成虫寿命25～60天。

防治技术：①人工捕捉成虫：利用成虫越冬时群居的习性，查清越冬场所，可大批消灭越冬成虫；利用成虫的假死性，用盆承接，并叩打植株使之坠落，收集后杀灭。②人工摘除卵块：雌成虫产卵集中成群，颜色艳丽，极易发现，易于摘除。③药剂防治：在成虫迁移、幼虫分散前和孵化盛期防治。3.5%锐丹对茄二十八星瓢虫幼虫、成虫均有良好的防治效果，击倒性强，持效期长，药效可达14天以上，每亩用药量30～40毫升，兑水40千克喷施。或每亩用10%氯氰菊酯30～50毫升，兑水20～50升喷雾。注意重点喷洒叶背面。

2. 茶黄螨

学名：*Polyphagotarsonemus latus*（Banks），蜱螨目跗线螨科。主要危害黄瓜、茄子、辣椒、马铃薯、番茄、豆类、萝卜等蔬菜。

形态特征：雌螨：长约0.21毫米，体躯阔卵形，腹部末端平截，淡黄至橙黄色，半透明，有光泽。身体分节不明显，体背部有1条纵向白带。足较短，4对，第四对足纤细，其跗节末端有端毛和亚端毛。腹部后足体有4对刚毛。假气门器官向后端扩展。雄螨：体长约0.19毫米，体躯近六角形，腹部末端圆锥形。前足体3～4对刚毛，腹面后足体有4对刚毛。足较长且粗壮，第三四对足的基节相连，第四对足胫跗节细长，向内侧弯曲，远端1/3处有1根特别长的鞭毛，爪退化为纽扣状。卵：长约0.1毫米，椭圆形，无色透明。卵表面有5～6排纵向排列的白色瘤状突起。幼螨：近椭圆形，淡绿色。足3对，体背有1条白色纵带，腹末端有1对刚毛。

生活习性：在热带及温室条件下，全年都可发生，但冬季繁殖能力较低。在北京地区，大棚内自 5 月下旬开始发生，6 月下旬至 9 月中旬为盛发期，露地蔬菜以 7～9 月受害重。冬季主要在温室内越冬，少数雌成螨可在冬作物或杂草根部越冬。以两性生殖为主，也能孤雌生殖，但未受精卵孵化率低。卵散产于嫩叶背面、幼果凹处或幼芽上，经 2～3 天孵化，幼螨期 2～3 天，若螨期 2～3 天。成螨较活跃，有由雄成螨携带雌若螨向植株幼嫩部位迁徙的趋嫩习性，一般多在嫩叶背面吸食。卵多产于嫩叶背面、果实凹陷处及嫩芽上。

防治技术：茶黄螨生活周期较短，繁殖力极强，应特别注意早期防治。对于日光温室的茶黄螨，每年的 1 月中下旬开始喷药进行预防。晚春早夏茄子 6 月底至 7 月初用药，夏播茄子 7 月底至 8 月初用药，或在初花期进行第一次用药，以后每隔 10 天一次，连续防治 3 次，可控制危害。防治茶黄螨最有效的药物是阿维菌素系列生物农药，如 1.8% 海正灭虫灵、虫螨立克等，或喷洒 10% 多活菌素（浏阳霉素）乳油 1 500 倍液，持效期 10 天左右。喷药重点部位是嫩叶背面，嫩茎及茄果类蔬菜的花器和幼果。

3. 茄黄斑螟

学名：*Leucinodes orbonalis* Guenée，鳞翅目螟蛾科。别名茄螟、茄子钻心虫。主要危害茄子、马铃薯、豆类蔬菜等。

形态特征：成虫：体、翅均为白色，前翅具 4 个明显的黄色大斑纹，翅基部黄褐色，中室与后缘之间呈现一个红色三角形纹，翅顶角下方有一个黑色眼形斑。后翅中室具一小黑点，并有明显的暗色后横线，外缘有 2 个浅黄斑。栖息时翅伸展，腹部翘起，腹部两侧节间毛束直立。卵：外形似水饺，有稀疏刻点；初产时乳白色，孵化前灰黑色。幼虫：多呈粉红色，低龄期黄白色；头及前胸背板黑褐色，背线褐色，腹末端黑色。蛹：浅黄褐色。蛹茧坚韧，初结茧时为白色，后逐渐加深为深褐色或棕红色。

生活习性：在长江中下游年发生 4～5 代，以老熟幼虫结茧在残株枝杈上及土表缝隙等越冬。翌年 3 月初越冬幼虫开始化蛹，5 月上旬至 6 月上旬越冬代羽化结束，5 月开始出现幼虫危害，7～9 月危害最重，尤其 8 月中下旬危害秋茄最烈。成虫夜间活动，但趋光性不强，具趋嫩性。25℃下每雌蛾可产卵 200 粒以上，散产于茄株的上、中部嫩叶背面。幼虫危害蕾、花，并蛀食嫩茎、嫩梢及果实。秋季多蛀害茄果，一个茄子内可有 3～5 头幼虫。夏季老熟幼虫多在植株中上部缀合叶片化蛹，秋季多在枯枝落叶、杂草、土缝内化蛹。茄黄斑螟属喜温性害虫，发生危害的最适宜气候条件为 20～28℃，相对湿度 80%～90%。

防治技术：①及时剪除被害植株嫩梢及茄果，茄子收获后，清洁菜园，及时处理残株败叶，减少虫源。②用性诱剂诱集成虫。成虫出现后，茄田设置诱捕器，将 100 微克性诱剂滴在 2 厘米² 纸上，放入诱捕器中诱杀成虫。③幼虫孵化盛期，喷药防治，施药以上午为宜，重点喷洒植株上部。可选用 20%氰戊菊酯乳油 2 000 倍液或 35%阿维·辛硫磷乳油 1 500 倍液。采收前 3 天停止用药。

4. 西花蓟马

学名：*Frankliniella occidentalis*，缨翅目蓟马科。别名苜蓿蓟马。主要危害茄子、辣椒、胡萝卜、洋葱、菜豆、豌豆等蔬菜。

形态特征：成虫：雄成虫体长 0.9～1.3 毫米，雌成虫略大，长 1.3～1.8 毫米。触角 8 节，第二节顶点简单，第三节突起简单或外形轻微扭曲。身体颜色从红黄到棕褐色，腹节黄色，通常有灰色边缘。腹部第八节有梳状毛。头、胸两侧常有灰斑。翅发育完全，边缘有灰色至黑色缨毛，在翅折叠时，可在腹中部下端形成一条黑线。翅上有两列刚毛。卵：长 0.2 毫米，白色，肾形。若虫：1 龄若虫无色透明，2 龄若虫黄色至金黄色。蛹：为伪蛹，白色。

生活习性：西花蓟马寄主范围较广，适应能力较强，繁殖能力很强，个体细小，极具隐匿性，一般田间防治难以有效控制。在温室内的稳定温度下，一年可连续发生 10～15 代，雌虫行两性生殖和孤雌生殖。在 15～35℃均能发育，从卵到成虫只需 14 天，在通常的寄主植物上，发育迅速，且繁殖能力极强。

防治技术：①加强检疫：严格进行植物检疫是防治西花蓟马传播蔓延的首要措施。②农业防治：加强肥水管理，促进植株生长。定植前，彻底消除田间植株残体及杂草；收获后及时清除田间病残体并集中带出天外销毁。③药剂防治：在幼虫盛期，可采用下列杀虫剂进

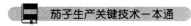

行防治。10％吡虫啉可湿性粉剂1 500～2 000倍液；22％毒死蜱·吡虫啉乳油2 000～3 000倍液；25％噻虫嗪可湿性粉剂2 000～3 000倍液；10％氯噻啉可湿性粉剂2 000倍液等，兑水喷雾，视虫情间隔7～15天喷1次，连续2～3次。④生物防治：释放钝绥螨和小花蝽，可有效防治西花蓟马的危害。

参 考 文 献

阿斯亚·乃吉米丁，阿衣加玛丽·库都热提，2020. 吐鲁番市日光温室茄子春提
　　早茬栽培技术［J］. 新疆农业科技（2）：35-36.

曹翠文，林鉴荣，李莲芳，2020. 优质茄子新品种"翡翠绿2号"的选育［J］.
　　蔬菜（6）：76-79.

陈梅，周作高，庞卫梅，等，2020. 茄子种植技术要点［J］. 南方农业，14
　　（18）：23，25.

程智慧，孟焕文，2009. 茄子生产关键技术百问百答［M］. 北京：中国农业出
　　版社.

崔绍玉，姜磊，王俊山，2016. 露地茄子栽培技术要点［J］. 现代农村科技
　　（3）：23.

丁晓辉，张俊，黄春燕，等，2018. 春季大棚适栽茄子品种及配套技术［J］. 长
　　江蔬菜（19）：18-20.

董金皋，2015. 农业植物病理学［M］. 3版. 北京：中国农业出版社.

范双喜，马玉光，1998. 茄子高产优质栽培［M］. 北京：中国农业大学出版社.

封洪强，2016. 蔬菜病虫草害原色图解［M］. 北京：中国农业科学技术出版社.

冯迎娥，白峰，张波，等，2020. 春季大棚茄子高产栽培技术［J］. 农业工程技
　　术，40（14）：69.

高坤金，温吉华，2010. 茄子栽培从入门到精通［M］. 北京：中国农业出版社.

郭书普，2010. 新版蔬菜病虫害防治彩色图鉴［M］. 北京：中国农业大学出
　　版社.

郭卫丽，陈碧华，周俊国，2017. 茄子栽培新技术［M］. 北京：中国科学技术出
　　版社.

侯振华，2011. 茄子栽培新技术［M］. 沈阳：沈阳出版社.

贾妖萍，2008. 春茬露地茄子栽培技术［J］. 吉林蔬菜（4）：37.

经艳杰，2019. 茄子露地栽培技术要点［J］. 吉林蔬菜（2）：17-18.

李植良，黎振兴，黄智文，等，2006. 我国茄子生产和育种现状及今后育种研究

对策［J］.广东农业科学（1）：24-26.

刘厚忠，李烨，2018.茄子新品种哈茄 V8 的选育［J］.中国蔬菜（3）：72-74.

刘军，杨艳，周晓慧，等，2018.江苏省设施茄子栽培现状及主栽品种推荐［J］.
长江蔬菜（21）：12-14.

刘调平，2019.日光温室茄子品种引进试验［J］.西北园艺（综合）（5）：56-57.

吕佩珂，2006.中国蔬菜病虫原色图鉴［M］.北京：学苑出版社.

潘秀清，2006.茄子品种及栽培关键技术［M］.北京：中国三峡出版社.

申爱民，赵香梅，2015.茄子四季高效栽培［M］.北京：金盾出版社.

宋元林，1993.茄子优质高产栽培法［M］.北京：中国农业科技出版社.

王恒亮，2013.蔬菜病虫害诊治原色图鉴［M］.北京：中国农业科学技术出
版社.

王久兴，2010.图书茄子栽培关键技术［M］.北京：中国农业出版社.

温吉华，2012.茄子安全生产技术指南［M］.北京：中国农业出版社.

杨周祺，2012.露地茄子高产栽培技术［J］.中国园艺文摘（5）：141-142.

叶晓辉，2010.冬暖型大棚茄子栽培技术［J］.现代农业科技（1）：124.

张彦萍，高彦魁，2012.茄子安全优质高效栽培技术［M］.北京：化学工业出
版社.

周宝利，姜荷，2001.茄子嫁接栽培效果和抗病增产机制的研究进展［J］.中国
蔬菜（4）：52-54.

周晓慧，2013.茄子高效生产新模式［M］.北京：金盾出版社.